普通高等教育"十三五"规划教材

超算、云计算与大数据技术专业教程

多核异构并行计算 OpenMP4.5 C/C++篇

雷 洪 编著

U0315797

北 京

冶金工业出版社

2024

内 容 提 要

本书主要介绍了共享内存并行编程语言 OpenMP 的基本原理，采用实例方式讲解在 C/C++语言环境中 OpenMP 并行程序的编写和运行，重点介绍了任务并行、向量化和异构计算等 OpenMP 规范的最新进展。本书面向实际应用，简洁易学，使读者能够亲身感受到并行计算的魅力。

本书可作为涉及高性能计算的理工科高年级本科生和研究生的并行计算课程的教材，也可供从事并行计算研究、设计和开发的教师和工程师参考。

图书在版编目（CIP）数据

多核异构并行计算 OpenMP4.5 C/C++篇／雷洪编著．—北京：冶金工业出版社，2018.4（2024.7 重印）
普通高等教育"十三五"规划教材
ISBN 978-7-5024-7657-1

Ⅰ.①多…　Ⅱ.①雷…　Ⅲ.①C 语言—并行程序—程序设计—高等学校—教材　Ⅳ.①TP311.11

中国版本图书馆 CIP 数据核字（2018）第 080383 号

多核异构并行计算 OpenMP4.5 C/C++篇

出版发行	冶金工业出版社	电　　话	(010)64027926	
地　　址	北京市东城区嵩祝院北巷 39 号	邮　　编	100009	
网　　址	www.mip1953.com	电子信箱	service@mip1953.com	

责任编辑　刘小峰　美术编辑　吕欣童　版式设计　禹　蕊
责任校对　李　娜　责任印制　窦　唯
北京富资园科技发展有限公司印刷
2018 年 4 月第 1 版，2024 年 7 月第 3 次印刷
787mm×1092mm　1/16；15.75 印张；382 千字；239 页
定价 49.00 元

投稿电话　(010)64027932　投稿信箱　tougao@cnmip.com.cn
营销中心电话　(010)64044283
冶金工业出版社天猫旗舰店　yjgycbs.tmall.com
（本书如有印装质量问题，本社营销中心负责退换）

前　　言

　　一个国家的高性能计算技术水平，不仅取决于计算机专业人才的技术开发水平，更取决于科技工作者的整体应用水平。现阶段计算应用和数据处理的状况是：一方面，大多数科技工作者日常应用的计算服务器、多核微机虽然具有较强的计算能力，但设备潜力并没有被充分利用；另一方面，由于工程计算大多数是多物理场的耦合计算问题，虽然计算量相对较大，计算耗时较长，但相对于学习并掌握前沿并行计算方法所需耗费的精力，科技工作者往往更愿意关注自身行业的技术发展，从而放弃并行计算带来的效率的提高。因此，简单、易学的并行计算软件，将有效帮助科技工作者充分发挥计算技术的优势，提高科研效率。

　　作为异构并行计算平台的杰出代表，我国天河一号、天河二号和神威·太湖之光先后蝉联 Top500 世界第一。我国迈进了异构计算时代！虽然我国超级计算机的处理器核心数已经接近 10 万个处理器核，计算能力达到 10 亿亿次每秒。但是，很少有能够利用全部处理器和 GPGPU 核并取得亿亿次性能的突破性应用程序出现。因此，将全机的 CPU+GPGPU 异构并行充分应用于工程技术领域，是当前国际计算科学领域需要解决的一个难题。

　　当前，PC 机都普遍装备 GPU（独立显卡），使得 CPU/GPU 这种异构计算平台随处可见。但这些平台大多用于大型游戏等娱乐项目，很少用于工程计算。同时，基于 GPU 编程的很多工具包是免费的。因此，采用较低的成本搭建的 CPU/GPU 异构并行平台来满足中小规模的工程计算需求切实可行。

　　计算机体系结构的演变，都会伴随并行程序设计环境和语言的进化。在众多并行语言中，并行程序开发环境 MPI 和 OpenMP 已经成为被广泛接受和使用的工业标准。随着国际主流体系架构逐渐转变为异构混合并行，OpenMP 于 2013 年推出了 4.0 规范，从而实现了从多核并行计算到异构并行计算的进化。

　　作者长期从事钢铁冶金过程的数值模拟，一直关注并行计算技术的发展。由于现有相关著作大多数是由计算机专家编著，著作中大量的计算机专业术语难以被工科专业学生和广大科技工作者所理解。而且，这些著作多以 MPI 作为基本的并行计算语言，MPI 又存在学习困难、调试困难等诸多问题，这进一步加大了其在工科专业普及的难度。为此，作者编写本书，目标是提供一本多核、异构并行计算方面的实用参考书，为我国并行计算普及工作略尽绵薄之力。

本书分析了当前流行的并行计算技术，从中遴选出适合大多数工程科技人员应用的 OpenMP 并行计算技术，从实例入手阐明程序运行过程，清晰而简洁地展示 OpenMP 并行计算原理、编程特点和方法。希望本书能够帮助工程技术人员了解并掌握并行计算知识，并在实际工作和学习中顺利运用，避免作者在获取这些经验时所犯过的类似错误。

目前，绝大多数大学均将 C/C++作为本科生必修的计算机编程语言。鉴于此，本书对作者已出版的基于 OpenMP 3.0 规范的《多核并行高性能计算 OpenMP》一书进行了补充和完善。为了避免内容重复，删除了原书第 9 章和第 10 章以及附录，将原书的 Fortran 语言改为 C++语言，并增加了 OpenMP 4.5 规范的内容。实际上，OpenMP 编程在 Fortran 语言和 C/C++语言方面是互通的，本书的大多数程序稍加修改即可应用于 Fortran 语言。同时建议读者在使用本书的过程中，参阅《多核并行高性能计算 OpenMP》的第 9 章和第 10 章以及附录来加深对 Linux 环境、程序的调试、编译和优化的理解。

全书共分为 10 章。主要内容如下：

第 1 章概述并行计算的发展历程，介绍并行计算和异构计算等相关概念，回顾 OpenMP 的发展历史。

第 2 章阐述 OpenMP 的语法，掌握 C/C++程序编写、编译和执行的完整过程。

第 3 章阐明数据环境，研究共享变量和私有变量，全局变量和局部变量的联系和差异。

第 4 章讲解并行区域的构造方法，探讨线程组和子线程数量的确定方式。

第 5 章剖析不同并行结构的差异，实现负载平衡。

第 6 章揭示多线程同步的不同机制，防止数据竞争的出现。

第 7 章明晰运行环境要素，探究锁的操作方式，避免死锁的发生。

第 8 章解析任务的构建、调度和执行，领悟非规则循环和递归的并行特征。

第 9 章了解向量化计算原理，体验并行向量化计算。

第 10 章讲述异构计算的特征，实现多种计算硬件的异步执行。

　　本书各章节相互独立，部分内容略有重复，供读者根据需要选择阅读。阅读本书之前需对 C/C++语言编程有所了解，才能深入体会 C/C++语言在并行计算方面的优势。

　　阅读本书时，如果您对高性能计算感兴趣，建议阅读第 1 章。如果您是初学者，那么需要关注第 1 章中编译器部分和第 2 章简单并行程序的运行。本书的核心部分是第 3~10 章，本书的精华在第 8~10 章。其中第 3~6 章是多核并行的编程基础，学习之后基本能够编写大部分的 OpenMP 程序；第 7 章锁操作十分复杂；第 8 章是 OpenMP3.0 的精华，也是 OpenMP 学习的难点，主要用于非规则循环和递归的并行；第 9 章向量化相对简单，但需具备部分硬件知识；第 10 章给出了以 GPU 为代表的异构计算解决方案。

　　在本人学习和应用 OpenMP 的过程中，得到了许多老师和同行的帮助，在此特向东北大学计算中心刘小锋老师、大连理工大学张永彬博士、东网科技有限公司胡许冰老师和赵学彬老师、英特尔亚太研发有限公司黄飞龙工程师和周姗工程师以及 IBM 公司研究中心的 Arpith Jacob 工程师表示由衷的感谢。特别感谢，牛宏硕士搭建了 OpenMP 计算平台，刘玉强硕士协助调试了本书的部分程序。

　　在本书的撰写过程中，参考了其他同行的文章、课件和研究资料，还引用了有关专家和学者的工作。在此一并感谢并向他们所做的工作表示深深的敬意。本书中的所有程序代码可登陆冶金工业出版社网站 www.cnmip.com.cn 下载。

　　本书的出版得到了国家自然科学基金委员会–宝钢集团有限公司钢铁联合研究基金（U1460108）和中央高校基本科研业务专项资金（N170906004）的资助。在书稿准备与出版过程中，冶金工业出版社的编辑人员也给予了大力支持，在此一并表示感谢。

　　尽管作者在编写本书的过程中投入了大量的精力，但受计算机专业水平所限，书中难免存在不当之处，恳请专家和读者给予批评指正。

雷洪于东北大学

2018 年 2 月

目　　录

1　并行计算概论

并行计算的优点是具有强大的数值计算和数据处理能力，能够被广泛地应用于国民经济、国防建设及科技发展中具有深远影响的重大课题，如石油勘探、地震预测、天气预报、新型武器设计、天体和地球科学等[1~5]。并行计算离不开硬件和软件两大系统，如图1-1所示。并行计算系统既可以是专门设计的、含有多颗 CPU 的超级计算机，也可以是以某种方式互连的若干台独立计算机构成的集群。在这样的背景下，对编程人员提出了更高的要求。硬件系统中 CPU、GPU 和存储器等的连接形式决定了科技人员采用的并行方式。绝大多数科技人员使用的是个人计算机、服务器和工作站，这一类的硬件系统均可采用 OpenMP 进行并行。通常，编程人员需要对现有的串行程序进行修改，对 CPU 之间、CPU 与 GPU 之间的通信和控制进行协调从而解决并行程序所带来的数据竞争、同步等潜在问题，实现并行程序的高稳定性和高并行加速比。

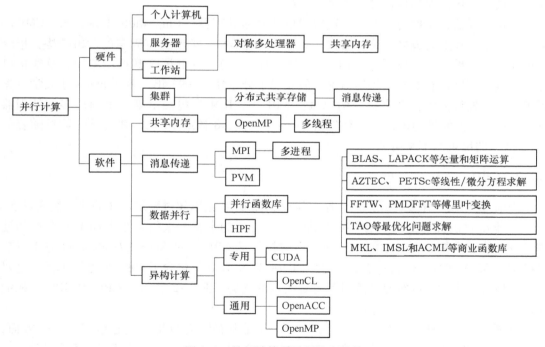

图 1-1　并行计算所需硬件和软件

需要指出的是，工程中的计算问题不是固定不变的，而是随现代工业的不断进步而不断发展演化的。现代工业的发展要求工程计算朝着多物理场耦合、跨尺度计算、增加网格扩大计算规模等方向发展，即程序中需要并行计算的代码比例越来越大，因此对并行计算需求也越来越强烈。

1.1　并行计算机的种类

并行计算机通常包含多颗自带高速缓存（Cache）的 CPU，而且这些 CPU 需要一定数量的内存才能工作；同时，这些 CPU 通常需要借助于网络传递数据从而实现 CPU 之间的协同工作；数据的显示则需要借助于显卡（GPU）。因此，并行计算机通常可分为四大部件：CPU、GPU、存储器和网络。通常，并行计算机的种类可通过 CPU 与存储器的连接方式、数据的通信方式以及指令和数据之间的工作方式来进行划分[3,6~8]。

1.1.1　多核 CPU

计算机运算速度的提高能够有效地提高科研人员的工作效率。在过去的几十年里，个人计算机 CPU 的主频一直依照摩尔定律发展。但是当单核 CPU 的主频达到 3GHz 以后，过高的功耗和高散热问题成为瓶颈限制了 CPU 频率的提高。虽然单核 CPU 的性能可能达到了极限 4GHz，但是多媒体、大规模科学计算等多个应用领域却对处理器性能不断地提出了更高的需求。现代电子工业的发展使芯片上晶体管的密度仍可以不断地增加，于是各主流处理器厂商将产品战略从提高芯片的时钟频率转到了多内核的研发。因此，多核处理器的出现是应用需求和科技进步的时代产物。

多核处理器，又称为片上多处理器或单芯片多处理器（Chip Multi-Processor，CMP），是指在一个芯片上集成多个处理器核，而各种处理器核一般都具有固定的逻辑结构：指令级单元、执行单元、一级缓存（L1）、二级缓存（L2）、存储器及其控制单元、总线接口等。多核处理器仅有二十余年的历史，但发展十分迅猛。1996 年，美国 Stanford 大学首先提出片上多处理器和首个多核结构原型。2001 年，IBM 公司推出第一个商用多核处理器 POWER4。目前常见的多核芯片有 2 核、4 核、6 核、8 核或 16 核，并且核的数目随着新一代 CPU 的出现而不断增加[2~4]。

1.1.2　GPU

当前 CPU 发展速度已经落后于摩尔定律，而 GPU 正以超过摩尔定律的速度快速发展。GPU 一推出就包含了比 CPU 更多的处理单元、更大的带宽。这些条件使 GPU 在多媒体处理过程中能够发挥更大的效能。例如：当前较好的 CPU Intel Xeon E7-4850 v4 有 16 核，可模拟出 32 个线程来进行计算，但是 NVIDIA Tesla K80 就包含了 4992 个处理单元，这对于多媒体计算中大量的重复处理过程有着天生的优势。图 1-2 展示了 CPU 和 GPU 架构的对比。

从硬件设计上来讲，CPU 由专为顺序串行处理而优化的几个核心组成。另一方面，GPU 则由数以千计的更小、更高效的核心组成，这些核心专为同时处理多任务而设计。

需要注意的是，GPU 与经常提到的显卡是有区别的。GPU 的范围更大：显卡一定是 GPU，但 GPU 不一定是显卡。目前，NVIDIA 是生产 GPU 最重要的公司。自 1999 年以来，NVIDIA 系列显卡性能不断更新，其在硬件设计上或者命名方式上也有很多的变化，主要内容如下：

（1）GPU 架构：Tesla、Fermi、Kepler、Maxwell、Pascal。

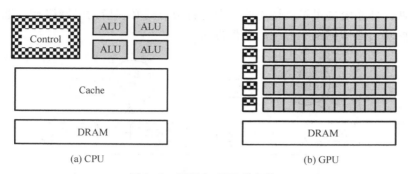

图 1-2　CPU 和 GPU 的架构

（2）芯片型号：GT200、GK210、GM104、GF104 等。

（3）显卡系列：GeForce、Quadro、Tesla。

GPU 架构是指硬件的设计方式，例如流处理器簇中有多少个核心、是否有 L1 或 L2 缓存、是否有双精度计算单元等。每一代的架构代表一种设计思想，而芯片则是对上述思想的实现。而显卡系列在本质上并没有什么区别，只是 NVIDIA 根据主要用途分为三类：GeForce 主要用于家庭电脑，Quadro 用于工作站，而 Tesla 用于服务器。Tesla 的 K 型号卡是专门为高性能科学计算而设计，比较突出的优点是双精度浮点运算能力高。需要注意的是 Tesla 系列没有显示输出接口，它专注于数据计算而不是图形显示。

1.1.3　CPU 与存储器的连接方式

根据存储器与 CPU 的连接方式可分为共享存储系统和分布存储系统[2,9]。在共享存储系统中，所有 CPU 共同使用同一个存储器和输入输出（I/O）设备，并且一般通过总线连接，如图 1-3 所示。这种方式适合于实验室常见的计算服务器系统。计算用服务器一般为两路服务器或四路服务器。每一路通常安装一颗多核 CPU，因此，计算用服务器一般有 2 颗或 4 颗 CPU。在共享存储系统中，内存空间是统一编址的，可以被 CPU 所共享；CPU 之间数据通信依靠 CPU 对具有相同地址的内存单元的访问来实现。但是当多颗 CPU 对同一地址的内存单元进行读写操作时，会出现访问冲突，即数据竞争。

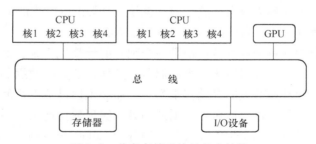

图 1-3　共享存储系统的基本结构

图 1-4 给出了分布存储系统的结构。通常，每颗 CPU 均具有各自的存储器和输入输出设备，它们组成了一个计算节点；多个计算节点通过网络相互连接形成了分布存储系统。这种方式适合于实验室常用的集群系统。由于每颗 CPU 的计算结果都有自己的存储器，因此可以保证 CPU 访问存储器速度，不会出现访问冲突。另外，在网络中增加计算

节点比较方便，即系统的可扩展性能好。但是各节点间必须借助于网络相互通信，因此数据通信比较困难，必须借助于专门的通信方法。

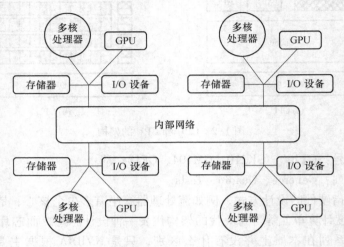

图 1-4 分布存储系统的基本结构

1.1.4 数据的通信方式

根据数据通信方式，可以将并行计算系统分为共享地址空间系统和消息传递系统两大系统。

在共享地址空间系统中，存储器的地址空间是统一的，因此可称为单地址系统或共享存储多处理器（Shared Memory Multiprocessors，SMM）系统。根据 CPU 与存储器的连接方式可将共享存储器多处理器系统进一步进行分类。如果存储器是集中式的，那么所有的处理器能够以相同的速度访问内存，这种系统称为对称共享内存多处理器系统（Symmetric Shared-memory Multiprocessors 或 Symmetric Multiprocessors，SMP）或均匀存储访问系统（Uniform Memory Acess，UMA）。如果内存是分布式的，那么 CPU 访问内存的速度就与内存的位置有关。毫无疑问，CPU 访问本地内存的速度最快。换言之，由于处理器访问内存的速度是不一样的，因此称为分布式共享内存系统（Distributed Shared-Memory，DSM）或非均匀存储访问系统（Nonuniform Memory Access，NUMA）。

在消息传递系统中，每个计算节点都是一个独立的计算机系统，而每个节点的存储器均单独编址，因此同一个地址对应于多个存储器。这样，节点间数据的传递不能通过本地节点的处理器直接访问其他节点的存储器来实现，而必须通过节点之间相互发送含有数据信息的消息来实现。这种通过发送包含数据的消息来实现数据通信的系统称为消息传递系统。它可分为大规模并行处理机系统（Massively Parallel Processor，MPP）和集群系统（Cluster）。大规模并行处理机系统是指由几百或几千台处理机组成的大规模并行计算系统。此系统的很多硬件设备是专门设计制造的，它的网络传输速度较高但扩展性稍差，开发十分困难，通常标志着一个国家的综合实力。而集群系统是相互连接的多个同构或异构的独立计算机的集合体，节点之间通过高性能互联网相连接。每个节点都有自己的存储器、I/O 设备和操作系统，可以作为单机使用；并行任务的完成则需通过各节点之间的相互协同工作来完成。近 10 年来，集群系统以高性价比、高可扩展性和结构的灵活性在多个领域得到了广泛应用。

1.1.5　常见的并行计算硬件系统

目前在实验室比较常见的计算系统，大体上可以分为两类：一类是共享内存系统（SMP），例如个人计算机、工作站和服务器，其特点是多颗 CPU 拥有物理上共享的内存；一类是分布存储系统（DMP），如集群系统，其特点是系统由多个物理上分布的计算节点组成，每个计算节点拥有自己的内存，节点之间通过高速以太网或专用高速网络连接。它们各自的特点如表 1-1 所示。

表 1-1　实验室常见的计算系统特点及并行计算方式

计算系统	个人计算机	服务器和工作站	集　群
硬件系统	单一主机，集成或独立 GPU，单颗有多个核心的 CPU	单一主机，集成或独立 GPU，多颗有多个核心的 CPU	多台主机，每台主机有集成或独立 GPU 和一颗或多颗 CPU
操作系统	单一	单一	多个
高性能计算系统	对称多处理器（SMP）	对称多处理器（SMP）	分布式共享存储（DMP）
常用并行模式	共享内存模式（如 OpenMP）	共享内存模式（如 OpenMP）	消息传递模式（如 MPI）

1.1.6　指令和数据之间的工作方式

根据指令和数据之间的工作方式可分为四大类[2,3]。第一类是单指令流单数据流系统（Single Instruction Stream Single Data Stream，SISD），具有一个单处理器核的个人计算机可归为此类。第二类是单指令多数据流系统（Single Instruction Stream Multiple Data Stream，SIMD），它是指在多颗 CPU 上运行相同的指令，但是每颗 CPU 所处理的数据对象并不相同。第三类是多指令单数据流系统（Multiple Instruction Stream Single Data Stream，MISD），在实际应用中，这种系统是不存在的。第四类是多指令多数据流系统（Multiple Instruction Stream Multiple Data Stream，MIMD），它是指每颗 CPU 上执行的指令和处理的数据各不相同。目前常见的多核个人计算机和集群计算机可归为此类。

1.2　并行计算

1.2.1　并行计算、高性能计算与超级计算

并行计算（Parallel Computing）、高性能计算（High Performance Computing，HPC）和超级计算（Supercomputing，简称超算）这三者的概念是不同的，它们之间的相互关系如图 1-5 所示。

并行计算是指利用多个 CPU（或多个 CPU 核）的协同来解决同一个问题，即在计算任务中存在多核心并行即可视为并行计算。并行计算的实质是将一个待求解的问题分解成若干个子问题，各个子问题均由独立的 CPU 同时进行计算。这样，各 CPU（或 CPU 核）

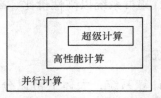

图 1-5 并行计算、高性能计算和超级计算的关系

在并行计算过程中往往需要频繁地交换数据，具有细粒度和低开销的特征。并行计算的重要特征是短的执行时间和高的可靠性，它主要是指以高精度浮点运算为主的科学计算。

高性能计算要求针对所使用的硬件环境（多核和 GPU），通过向量化、提高 Cache（缓存）命中率、采用多核心同时执行计算任务。高性能计算所面对的计算环境为 10～100 量级的 CPU 核心或 GPU。这是普通高校和研究中心中常见的工作站或服务器的标准硬件配置，并行加速比为 10～100 量级。

超算（超级计算）指在少量节点的高性能计算性能不足以满足实验计算量和运算规模需要，而必须在超级计算机或巨型机上解决的大型、复杂运算。不同专业、不同领域对超级计算的标准不同，很难给出一个超级计算的阈值。本书中仅给出一个参考值：并行计算中使用超过 128 个当代计算节点或并行加速比达到 1000 量级。

在实际应用中，并行计算与分布式计算是十分相似的概念。它们之间的界限十分模糊。分布式计算的目的是提供方便。这种方便性主要体现在可用性、可靠性以及物理分布三个方面。在分布式计算中，CPU（或 CPU 核）之间并不需要频繁地交换数据，具有粗粒度的特征。分布式计算的重要特征是长的正常运行时间，它主要是指以整数运算为主同时具有少量简单浮点运算的事务处理型计算。

1.2.2 并行处理技术

早期的计算机采用的是串行处理，计算机的各个操作只能串行地完成，即任一时刻只能进行一个操作。而并行处理能够同时进行多个操作，从而极大地提高了计算机的速度。

计算机的并行处理技术，概括起来主要有三种形式：

（1）时间并行。时间并行是指时间重叠，即多个处理过程在时间上相互错开，轮流重叠地使用同一套硬件设备的各个部分，从而加快硬件周转而赢得速度。时间并行的实现方式是采用流水处理部件，这是一种非常经济实用的并行技术，能保证计算机系统具有较高的性能价格比。目前的高性能计算机几乎均使用了流水技术。

例如，食品工厂生产食品的步骤可分为：

1）清洗：将食物冲洗干净。

2）消毒：将食物进行消毒处理。

3）切割：将食物切成小块。

4）包装：将食物装入包装袋。

如果不采用流水线操作，当一个食品完成上述四个步骤后，下一个食品才能开始进行处理，耗时长，效率低；如果采用流水线技术，就可以同时处理四个食品。这就是并行算法中的时间并行：在同一时间启动两个或两个以上的操作，可以大大提高计算性能。

（2）空间并行。空间并行是指资源重复，即通过资源的重复配置来实现大幅度提高计算机的处理速度。大规模和超大规模集成电路的迅速发展，为空间并行技术带来了巨大生机，因而成为目前实现并行处理的一个主要途径。空间并行技术主要体现在多处理器系统和多处理机系统，同时在单处理器系统中也得到了广泛应用。

例如，小田计划栽种三棵树，如果小田一个人工作则需要 6 个小时才能完成三棵树的种植任务。但是，他请求小张、小夏一起工作。三个人同时开始挖坑植树，2 个小时后每个人都完成了一棵树的种植任务，这就是并行算法中的空间并行：将一个大任务分成多个相同的子任务，分配给不同的个体进行，来加快问题的解决速度。

（3）时间和空间的同时并行。时间和空间的同时并行是指时间重叠和资源重复的综合应用，既采用时间并行性又采用空间并行性。相对而言，这种并行技术带来的高速效益是最好的。现代计算机往往同时具有时间并行性和空间并行性。在任一条指令的执行过程中，各个功能部件都会随着指令执行的进程而呈现出时忙时闲的现象。要加快计算机的工作速度，就应使各个功能部件并行工作，即以各自可能的高速度同时、不停地工作，使得各部件的操作在时间上重叠进行，实现流水式作业。

1.3　高性能并行计算特征

一个成功的并行程序应具备如下特征：

（1）正确性。如果将串行程序并行后得到的结果与串行结果存在较大的差异，则串行程序的并行化也就失去了意义。当然在计算过程中，由于截断误差、随机数的调用等因素在某些情况下会造成并行程序与串行程序结果存在细小差异，这是允许的。因此，并行计算结果与串行计算结果的比较是并行编程中的重要一环。

（2）高性能。并行计算的一个重要目标是追求较短的计算时间。如果并行计算时间大于串行计算时间，并行计算也就失去了意义。并行程序计算性能的衡量指标一般采用并行加速比和并行效率两个重要参数。

（3）可扩展性。以前，用户是针对个人使用的双核 CPU 微机进行编程。但是随着硬件的发展，八核 CPU 或更多核的 CPU 也会相继出现。在硬件快速变化的情况下，用户迫切希望不要因为新硬件的出现而不得不大幅度地修改并行程序。要避免此状况的出现，在程序设计开始就应考虑到可扩展性。这样，所编写的并行程序将具有较长的生命周期，从而极大地节省人力和财力。

1.4　并行编程模式

并行编程是使用程序语言显式地进行说明，从而实现将计算任务中不同部分分配给不同的 CPU 同时执行。并行编程模式按通信方法可分为共享内存模式、消息传递模式、数据并行模式和异构计算模式[2,10]。

目前，工程技术人员常用的并行编程模式是消息传递接口（Message Passing Interface，MPI）和直接控制共享内存式并行编程的应用程序接口（Open Multi - Processing，OpenMP）。

1.4.1　共享内存模式

共享内存存储，是指多颗 CPU 都访问一个共享存储器。在图 1–3 中，计算系统中共有 2 颗 CPU，每颗 CPU 有 4 个核心，那么整个计算系统共有 8 个核心，这些核心均能够访问（进行读定操作）内存中的同一个位置（变量的值）。

在共享内存模型中，一个并行程序由多个共享内存的并行任务组成，数据的交换通过隐式地使用共享数据（即线程间的通信通过对共享内存的读写操作）来完成。在大多数情况下，此编程模式的主要任务是对循环进行并行处理，而计算与数据的划分和任务之间的通信则由编译器自动完成。

目前，共享内存模式的主流开发标准是 OpenMP，它是一种用于共享内存并行系统的多线程程序设计的一套指导性注释（Compiler Directive）。OpenMP 支持的编程语言包括 C 语言、C++语言和 Fortran 语言；而支持 OpenMP 的编译器主要包括 Intel Compiler 和开放源码的 GNU Compiler 等。OpenMP 提供的这种对于并行描述的注释语句降低了并行编程的难度和复杂度，这样编程人员可以把更多的精力投入到并行算法本身，而不关注其具体实现细节。OpenMP 是一种基于数据并行的编程模式，即将相同的操作同时作用于不同的数据，从而提高问题求解速度。这种方式可以高效地解决大部分科学与工程计算问题。同时，OpenMP 也提供了更强的灵活性，可以较容易地适应不同的并行系统配置。线程粒度和负载平衡等是传统多线程程序设计中的难题，但 OpenMP 可以帮助编程人员完成这两方面的部分工作。这样编程人员只需要简单地指明希望执行的并行操作以及并行操作对象，就能实现程序的并行编程，从而大幅度地减少了编程人员的工作量。

OpenMP 主要是针对循环进行并行，能有效地克服了并行编程的可移植性和扩展性能差的缺点。近年来，实验室用微机、工作站和服务器多采用多核共享内存技术，为研究者使用以 OpenMP 为基础的并行计算方法提供了必要的硬件条件。

需要注意的是，OpenMP 并不适合需要复杂的线程间同步和互斥的场合，而且不能在非共享内存系统（如计算机集群）上使用。对于非共享内存系统，建议使用消息传递模式如 MPI 进行并行编程。

1.4.2　消息传递模式

消息传递模式是针对多地址空间进行的多进程异步并行模式。在消息传递模式中，一个并行程序是由多个并行任务组成，并且每个并行任务拥有自己的数据并对其进行计算操作。其基本特征是进程的显式同步、通过显式通信完成任务之间数据的交换、显式的数据映射和负载分配。目前，广泛使用的消息传递模式有两种：并行虚拟机（Parallel Virtual Machine，PVM）和消息传递界面[7]。

PVM 是一种基于局域网的并行计算环境。它通过将多个异构的计算机有机地组织起来，形成一个容易编程、易于管理并且具有良好扩展性的并行计算环境。目前，PVM 支持 C 语言和 Fortran 语言。PVM 能够在虚拟机中自动加载任务并运行，并且还提供了任务间相互通信和同步的手段。这种将所有的计算任务都分配到合适的计算节点上进行多节点并行运算模式实现了任务级的并行。PVM 的免费、开放和易于使用的特性，使得它成为一个被广泛接受的并行程序开发环境。

MPI 是为开发基于消息传递模式的并行程序而制定的工业标准，其目的是为了提高并行程序的可移植性和扩展性以及较高的并行效率。目前，MPI 已经发展成为消息传递模式的代表和事实上的工业标准[10]。当采用 MPI 进行并行化计算时，每个进程都有各自独立的存储器。当进行全局共享数据的读写操作时，需进行计算机之间的通信从而实现数据的搬迁。因此 MPI 需要明确划分数据结构并重构源程序，编程困难并且开发周期长。

PVM 与 MPI 所提供的功能大致相同，但是它们各自的侧重点不同。MPI 比较适合于在同构集群上的并行应用。它的通信方便，可以直接在进程组内进行矩阵的运算操作，十分有利于科学计算；但 MPI 不提供容错的机制，因此当一个错误发生后，整个应用全部失败。PVM 更适合于异构的集群系统。PVM 强调在异构环境下的可移植性和互操作性，但程序之间的通信相对较差，并支持动态的资源管理和一定程度的容错。在大规模的科学计算中，计算环境提供容错能力是很重要的。例如在一个计算机集群上运行一个需要几周才能完成的算法，当其中某个计算机节点因某种原因而失败时，如果不提供相应的容错机制，用户将不能确定当前的应用程序已经停止或失败。在 PVM 下，当在虚拟机中增删节点或任务失败时，已登记的任务将收到相应的消息，从而能够采取相应的策略，重新调度任务的分配或重新生成一个相应的任务。需要提出的是，目前几乎所有的高性能计算系统都支持 PVM 和 MPI。

1.4.3 数据并行模式

数据并行是指对源集合或数组中的元素同时（即并行）执行相同操作的情况。在数据并行操作中，将对源集合进行分区，以便多个线程能够同时对不同的片段进行操作。此种并行模型的优点在于编程相对简单，串并行程序一致。缺点是程序的性能在很大程度上取决于所使用的编译系统和用户对编译系统的了解，并行粒度局限于数据级并行，粒度较小。常见的数据并行有高性能 Fortran[7,11]、并行库[11]和 GPU 并行计算[5,12]等。

1993 年，高性能 Fortran（High Performance Fortran，HPF）诞生。此语言综合了 1988 年以来在 Fortran77 上并行程序语言扩展方面的多年研究成果。HPF 属于数组程序设计语言，是以结构化的语言指导形式出现的。它的并行思想与 OpenMP 类似，都是通过定义编译指导语句来帮助编译器生成并行代码。但是，HPF 的目标计算系统与 OpenMP 不同，它支持分布式共享存储系统。因此，除了指定并行性的编译指导语句外，HPF 还有指定数据划分的编译指导语句。HPF 与消息传递模式的区别在于：HPF 借助编译器生成通信语句，不需要编程人员手工编写。但是，HPF 的缺陷是缺乏灵活性，所适用的应用程序类型有限，并且对于某些问题无法得到与手工编写的消息传递程序相同的性能。

使用并行函数库开发高性能计算程序的基本思想是：用户不需要自己编写通用的并行算法代码，而由程序库提供并行算法，并对用户透明。用户只需要根据自己的需求，调用相应的库函数，就可以编写出并行程序。由于库函数的编写者一般经验丰富，而且库函数采取较为优化的算法，并进行优化编译，使得库函数的执行效率很高。对于大量使用通用计算算法的用户来说，使用并行库是一种高效的开发模式。并行库的缺点是无法帮助那些需要自己书写非通用并行算法的用户。

图 1-1 给出了目前存在常见并行函数库。例如，PBLAS（Parallel Basic Linear Algebra Subroutines），以及建立在其基础上的 LAPACK 和 ScaLAPACK，这些并行库提供了一些线

性代数问题的并行求解算法，如求特征值、最小二乘问题等。其中，LAPACK 主要针对 SMP 系统，而 ScaLAPACK 主要针对 DMP 系统。另外一个需要提及的并行库是 PETSc。PETSc 是一套基于 MPI 的数据结构和库函数，主要用于解决基于偏微分方程的典型科学计算问题。

1.4.4 异构计算

20 世纪 80 年代中期，异构计算（Heterogeneous computing）或异质运算技术诞生。异构计算是指使用不同类型指令集和体系架构的计算单元组成的混合系统的计算方式。常见的计算单元类别包括：CPU（中央处理器）、GPU（图形处理器）、Co-Processor（协处理器）、DSP（信号处理器）、ASIC（专用集成电路）、FPGA（现场可编程门阵列）等。

异构计算近年来受到越来越多的关注。这主要是因为通过提升 CPU 时钟频率和内核数量而提高计算能力的传统方式遇到了散热和能耗瓶颈。与此同时，GPU 等专用计算单元虽然工作频率较低，但具有更多的内核数和并行计算能力，总体性能和功耗比都很高。然而，这些芯片的性能却没有得到充分的发挥。

对于普通用户来说，最熟悉的异构计算平台无疑是 CPU+GPU 的组合。这是因为这种硬件组合是个人电脑中最常见的组合，也得益于近年来以 NVIDIA 为代表的研究厂商高调地宣传使用 GPU 可以大幅度地提高并行计算速度。为了实现这一目标，GPU 厂商分别对原本主要面向图形处理的 GPU 架构进行改造，生产出适合通用计算的 GPU，这就是所谓的通用图形计算处理器（General-Purpose computing on Graphics Processing Units, GPG-PU）。

1.4.4.1 协处理器

最早的协处理器可以追溯到 20 世纪 70 年代 Intel 公司推出的 8087 协处理器。此协处理器的主要目的是弥补 8086 处理器浮点计算能力弱的缺点。接着，Intel 公司又推出了与 386 处理器相配套的 387 协处理器。1989 年，Intel 发布了 486 处理器，486 处理器最大的意义在于它将协处理器整合成 CPU 内部的 FPU（浮点处理器），协处理器的概念也就随之消失了。

由于功耗的限制和大规模计算的强劲需求，协处理器重新出现在人们的视野中。Xeon Phi 是由美国英特尔公司于北京时间 2012 年 11 月正式推出的首款 60 核处理器，Xeon Phi 并非传统意义上的英特尔处理器（CPU），它更像是与 CPU 协同工作的 GPU。

1.4.4.2 GPU

当前 CPU 发展速度已经落后于摩尔定律，而 GPU 正以超过摩尔定律的速度快速发展。GPU 是图形处理单元（Graphic Processing Unit）的简称。它其实是由硬件实现的一组图形函数的集合，这些函数主要用于绘制各种图形所需要的运算如浮点运算、定点处理和着色处理。CPU 和 GPU 都是具有运算能力的芯片。其中，CPU 不但擅长于指令运算，而且擅长于各类数值运算；而 GPU 是专门为处理图形任务而产生的芯片，仅擅长于图形函数类数值计算。

在 GPU 出现之前，CPU 一直负责着计算机中主要的运算工作，包括多媒体的处理工作。CPU 的架构是有利于 X86 指令集的串行架构，CPU 从设计思路上适合尽可能快地完成一个任务。但是如此设计的 CPU 在多媒体处理中的缺陷也显而易见：多媒体计算通常要求较高的运算密度、多并发线程和频繁的存储器访问，而 CPU 并不适合处理这种类型的工作。以 Intel 为代表的厂商曾经做过许多改进的尝试，从 1999 年开始为 X86 平台连续推出了多媒体扩展指令集——SSE（Streaming SIMD Extensions）的一代到四代版本，但由于多媒体计算对于浮点运算和并行计算效率的高要求，CPU 从硬件本身上就难以满足其巨大的处理需求，仅仅在软件层面的改进并不能起到根本效果。

随着计算机多媒体计算需求的持续发展，1999 年 NVIDIA 向市场推出了史上第一款 GPU——GeForce 256，开启了 GPU 计算的历史。对于 GPU 来说，它的任务是在屏幕上合成显示数百万个像素的图像——也就是并行处理几百万个任务，因此 GPU 被设计成可并行处理很多任务，而不是像 CPU 那样完成单任务。

1.4.4.3　异构编程

异构编程可分为两大类。第一类是专用异构编程，如目前十分流行的 CUDA（Compute Unified Device Architecture，统一计算设备架构）编程就是专门针对 NVIDIA GPU 开发的。第二类是通用异构编程，如 OpenCL（Open Computing Language，开放式计算语言）、OpenACC（Open Accelerators，开放加速器）和 OpenMP4.0。下面就以这四种编程技术为例分析 GPU 编程特点。

（1）CUDA。CUDA（Compute Unified Device Architecture，统一计算设备架构）是显卡厂商 NVIDIA 在 2006 年推出的通用并行计算架构，该架构使 GPU 能够解决复杂的计算问题。它包含了 CUDA 指令集架构（ISA）以及 GPU 内部的并行计算引擎。开发人员现在可以使用 C 语言来为 CUDA 编写程序。通过这个技术，用户可利用 NVIDIA 的 GeForce 8 以后的 GPU 进行计算。CUDA3.0 开始支持 C++和 Fortran。

（2）OpenCL。OpenCL（Open Computing Language，开放运算语言）是第一个面向异构系统通用目的并行编程的开放式、免费标准，也是一个统一的编程环境，便于软件开发人员为高性能计算服务器、桌面计算系统、手持设备编写高效轻便的代码，而且广泛适用于多核心处理器（CPU）、图形处理器（GPU）、Cell 类型架构以及数字信号处理器（DSP）等其他并行处理器。它由用于编写内核程序的语言和定义并控制平台的 API 组成，提供了基于任务和基于数据的两种并行计算机制，使得 GPU 的计算不再局限于图形领域，而能够进行更多的并行计算。OpenCL 还是一个开放的工业标准，它可以对 CPU 和 GPU 等不同的设备组成的异构平台进行编程。

（3）OpenACC。OpenACC（Open Accelerators，开放加速器）是由 Cray、PGI、CAPS 和 NVIDIA 这四家公司在 2011 年 11 月共同推出的一种编程标准。所有的创始人都有自己的编译器，都希望通过共同努力，创建一套标准，可以把指示语句放在 Fortran、C 和 C++应用程序里，来帮助编译器找出并行部分的代码，放到加速器（如 GPU）上，从而加快执行这些应用程序。OpenACC 的想法是，这些编译器指导语句可以在多核 CPU 以及各种各样的加速器（如 NVIDIA GPU 和 Intel Xeon Phi）上使用。有了 OpenACC 指示语句，编译器可以并行化代码，还可以进行 CPU 和 GPU 之间的数据移动。值得重视的是，添加到代码中的指导语句可以跨越许多架构。如果底层硬件变化，代码只需要重新编译就可以适应新的硬件平台。

（4）OpenMP。OpenMP4.0 标准增加了对异构计算的支持。这些编译指导语句与 OpenACC 功能类似，如 target、target data 等，但是语法上适应 OpenMP 的风格，并支持更多、更广泛的异构硬件。

1.4.4.4 CPU/GPU异构系统

多核/众核异构计算平台因其强大的浮点运算能力成为当前高性能计算的新宠。2010年以来，基于CPU/GPU异构系统的天河一号和泰坦超级计算机、基于CPU/MIC异构系统的天河二号分别在全球TOP500超级计算机榜上夺魁。在这两类异构计算平台中，CPU/GPU的性价比和能耗比的优势最为突出。

当前，因为大多数个人计算机都装备了GPU，因此CPU/GPU异构计算平台十分普遍。虽然这类平台是针对游戏娱乐而搭建的，但是其强大的硬件计算能力完全能够满足对精度要求不高场合的需要。

图1-6给出了一个典型的CPU/GPU异构计算平台。北桥芯片（North Bridge），有时也称为主桥（Host Bridge），通常用于处理处理器、内存、GPU和南桥芯片（主要是负责I/O接口等一些外设接口和硬盘设备的控制等）之间的通信。在利用GPU计算前，CPU首先要通过北桥将数据传送给GPU的显存中；在GPU计算完毕后，GPU再将计算结果返回给主机内存中。因此，CPU与GPU之间的通信是无法避免的，对CPU与GPU之间的数据通信开销进行优化是编程人员需要考虑的重点问题。

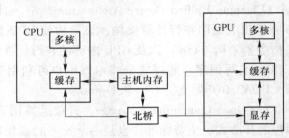

图1-6　CPU/GPU异构计算平台

总之，GPU是面向适合于矩阵类型图形函数的数值计算而设计的。它利用大量重复设计的运算单元建立大量数值运算的线程，擅长无逻辑关系的大量平行数据的高度并行数值计算。而CPU是根据兼顾"指令并行执行"和"数据并行运算"的思路进行设计，擅长处理拥有复杂指令调度、循环、分支、逻辑判断以及执行等的程序任务。它的并行优势是程序执行层面的，但是程序逻辑的复杂度实际限定了程序执行的指令并行性。在实际的并行计算中，上百个并行程序执行的线程是很少见的。所以，CPU和GPU是相辅相成、互为补充的[13]。

GPU并行编程面临以下技术困难：

（1）CUDA、OpenCL等低级语言编程难度大，且需要深入了解GPU的硬件结构，而绝大部分科技工作者往往不是专业编程人员，学习一门新的编程技术具有较大难度。

（2）GPU的计算模型与CPU差别较大，在移植过程中需要对旧程序进行几乎完全重写，工作量巨大。

（3）低级编程技术开发的程序与硬件结构密切相关。硬件升级时必须进行软件升级，否则会损失性能。但是频繁的软件升级对普通的用户而言是一个沉重的负担。

（4）NVIDIA、AMD和Intel提供的三种硬件加速器都有自己独特的编程语言，且互不兼容。这样用户在建设硬件平台选择软件时会陷入困境，所开发的计算软件通用性不强。

（5）OpenACC 和 OpenMP 均相对简单，但是支持 OpenACC 的编译器需要购买，不利于推广。

对科技工作者而言，OpenMP 更富有控制力，并且比 OpenACC 有更多的特性。OpenMP 提供了一套手工并行的机制，从而提高并行效率。

1.5　OpenMP 和 MPI 的特点

在并行计算领域，MPI 和 OpenMP 是最为流行的编程模型[14]。目前，大多数编程人员面临的一个最大问题是确定所编写的程序代码运行的硬件条件，即采用集群系统还是工作站。这个问题的答案取决于应用需求。如果编程人员仅需要获得约 10~100 倍的性能提升，那么最好针对 SMP 设计，使用类似 OpenMP 的方法，这样编程简单，而且易于维护；如果编程人员需要更多的内核，实现 100 倍以上性能的提升，那么可以尝试 MPI；为了充分利用集群的层次存储结构特点，还可以考虑将上述两种编程模型相结合，实现 MPI 和 OpenMP 的混合编程，即利用 MPI 实现节点间的并行，利用 OpenMP 实现节点内的多线程并行。总之，不同的并行方式具有各自不同的优点和缺点（见表 1-2），编程人员在进行软件开发时可以根据自己的实际需要进行相应的决策。

OpenMP 和 MPI 是并行编程的两个主要手段。OpenMP 主要针对细粒度的循环进行并行，即在循环中将每次循环分配给不同的线程执行，主要应用于一台独立的服务器或计算机上。MPI 主要针对粗粒度级别的并行，主要应用在分布式计算机，即将任务分配给集群中所有计算机上。它们之间的对比如表 1-2 所示。

表 1-2　OpenMP 和 MPI 的特点比较

特点	OpenMP	MPI
并行粒度	线程级并行，适用于通信开销大且并行度高的细粒度任务	进程级并行，适用于通信开销小且并行度低的粗粒度任务
存储方式	共享存储（SMP）	分布式存储（DMP）
数据分配	隐式分配	显式分配
异构计算	支持	不支持
编程特点	编程较简单。充分利用了共享存储体系结构特点，避免了消息传递的开销。数据的放置策略不当会引发其他问题，但是并行后循环粒度过小会增加系统的开销	编程复杂，需要分析及划分应用程序问题，并将问题映射到分布式进程集合；细粒度的并行会引发大量的通信，需要解决通信延迟大和负载不平衡两个主要问题。调试 MPI 程序麻烦，且 MPI 程序可靠性差，一个进程出现问题，整个程序将错误
可扩展性	可扩展性较差，OpenMP 采用共享存储，多用于 SMP 机器，不适合集群	可扩展性好，适用于各种机器
并行化	支持粗粒度的并行，但主要还是针对细粒度的循环级并行，将串行程序转化为并行程序时对程序代码作的改动小	特别适用于粗粒度的并行。并行化需要大量地修改原有串行程序代码，且程序可靠性差
可靠性	好	差，一个进程出错，程序崩溃

特点	OpenMP	MPI
适用机器	微机、服务器、工作站	多主机超级计算机集群
主要应用	科学计算上占统治地位	集群应用

这里，任务粒度是指并行执行过程中，两次通信之间每个处理机计算量大小的一个粗略描述。它的计算式如下：

$$任务的粒度 = \frac{执行时间}{任务通信时间}$$

一般而言，粗粒度（含有大量顺序执行指令且需要大量时间）的任务并行度低，但通信开销小；细粒度（仅有一条或几条顺序执行指令，需要时间少）的任务并行度高，但通信开销大。因此，增大粒度可以减少创建线程和线程间通信的代价，提高效率，但也意味着减少并行的线程数，降低并行性[15]。

需要指出的是，MPI 入门难，开发效率低，被称为并行语言中的汇编。由于 MPI 程序设计的复杂、冗长和高代价，已经阻碍了 MPI 的应用和开发。因此，对于大多数科技人员，OpenMP 是一个较好的选择。

1.6　并行计算中常用概念

1.6.1　并发、并行和并行计算

并发（Concurrent）与并行（Parallel）是两个既相似而又不相同的概念。从宏观上来讲，并发和并行都是同时处理多路请求的概念。但并发和并行又有区别，并行是指两个或者多个事件在同一时刻发生；而并发是指两个或多个事件在同一时间间隔内发生。

并发性，又称共行性，是指在同一个 CPU 上能处理多个同时性（不是真正的同时，而是看来是同时，因为 CPU 要在多个程序间切换）程序的能力；并发的实质是物理 CPU 在若干程序之间多路复用，并发性是对有限物理资源强制行使多用户共享以提高效率。当有多个线程在操作时，如果系统只有一个 CPU，则它根本不可能真正同时进行一个以上的线程。它只能把 CPU 运行时间划分成若干个时间段，再将时间段分配给各个线程执行。在一个时间段的线程代码运行时，其他线程处于挂起状态。这种方式被称为并发。

并行是指同时发生的两个并发事件，具有并发的含义；而并发则不一定并行，也就是说并发事件之间不一定要同一时刻发生。具体而言，并行性指两个或两个以上事件或活动在同一时刻发生。在多个程序环境下，并行性使多个程序同一时刻可在不同 CPU 上同时执行。当系统有一个以上 CPU 时，则线程的操作有可能非并发。当一个 CPU 执行一个线程时，另一个 CPU 可以执行另一个线程，两个线程互不抢占 CPU 资源，可以同时进行。这种执行方式被称为并行。

并行计算是相对于串行计算来说的。它是一种一次可执行多个指令的算法，目的是提高计算速度，通过扩大问题求解规模，快速解决大型而复杂的计算问题。

实际上，并行计算是指同时使用多种计算资源解决计算问题的过程，是提高计算机系统计算速度和处理能力的一种有效手段。它的基本思想是用多个处理器来协同求解同一问题，即将被求解的问题分解成若干个部分，各部分均由一个独立的处理器来并行计算。并行计算系统既可以是专门设计的、含有多个处理器的超级计算机，也可以是以某种方式互连的若干台独立计算机构成的集群。并行计算可分为时间上的并行和空间上的并行。时间上的并行是指流水线技术。空间上的并行是指多个处理机并发的执行计算，即通过网络将两个以上的处理机连接起来，达到同时计算同一个任务的不同部分，或者完成单个处理机无法解决的大型问题。

从操作系统角度来看，程序并发执行就像一个人（一颗 CPU）喂（执行）四个孩子（四个程序），轮换着给每人喂一口，表面上四个孩子都在吃饭，如图 1-7(a) 所示。程序并行执行就如同四个人（四颗 CPU）同时喂（同时执行）四个孩子（四个程序），即这四个孩子同时在吃饭，如图 1-7(b) 所示。程序并行计算可比作四个人（四颗 CPU）同时照料（同时执行）一个孩子（一个程序），这四个人分别执行穿衣服、讲故事、梳头、做饭这四个子任务，如图 1-7(c) 所示。

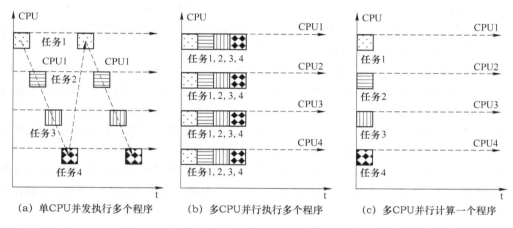

(a) 单CPU并发执行多个程序　　(b) 多CPU并行执行多个程序　　(c) 多CPU并行计算一个程序

图 1-7　并发执行、并行执行和并行计算

1.6.2　程序、线程、进程和超线程

程序是一组指令的有序集合。而进程是具有一定独立功能的程序关于某个数据集合上的一次运行活动，是系统进行资源分配和调度的一个独立单位。实际上，进程是正在运行的程序的一个实例[9]。线程则是进程的一个实体，是比进程更小的能独立运行的基本单位，是被系统调度和分配的基本单元。线程自身基本上不拥有系统资源，只拥有一点在运行中必不可少的资源（如程序计数器、一组寄存器和调用堆栈），但它与同属一个进程的其他线程共享所属进程所拥有的全部资源，同一个进程的多个线程可以并发执行，从而提高了系统资源的利用率[3,16]。例如，采用 Fortran、C++等语言编写的源程序经相应的编译器编译成可执行文件后，提交给计算机 CPU 进行执行。此时，处于执行状态的一个应用程序称为一个进程。从用户角度来看，进程是应用程序的一个执行过程。从操作系统角度来看，进程代表的是操作系统分配的内存、CPU 时间片等资源的基本单位，是为正在运行的程序提供的运行环境。

具体而言，进程和程序的区别和联系如下：

（1）程序是一组指令的有序集合。它本身没有任何运行的含义，只是存在于计算机系统的硬盘等存储空间中一个静态的实体文件。而进程是处于动态条件下由操作系统维护的系统资源管理实体。进程具有自己的生命周期，反映了一个程序在一定的数据集上运行的全部动态过程。

（2）进程和程序并不是一一对应的，一个程序在不同的数据集上执行就成为不同的进程。由于程序没有和数据产生直接的联系，即使是执行不同数据的程序，它们的指令集合依然是一样的。一般来说，一个进程肯定有一个与之对应的程序，而且只有一个。但是，如果程序没有执行，那么这个程序就没有与之对应的进程；如果一个程序在几个不同的数据集上运行，那么这个程序就有多个进程与之对应。

（3）进程还具有并发性和交往性，这也与程序的封闭性不同。

进程与线程的区别与联系如下：

（1）一个程序的执行至少有一个进程，一个进程至少包含一个线程（主线程）。

（2）线程的划分尺度小于进程，所以多线程程序并发性更高。

（3）进程是系统进行资源分配和调度的一个独立单位，线程是 CPU 调度和分派的基本单位。同一进程内允许多个线程共享其资源。

（4）进程拥有独立的内存单元，即进程之间相互独立；同一进程内多个线程共享内存。因此，线程间能通过读写操作对它们都可见的内存进行通信，而进程间的相互通信则需要借助于消息的传递。

（5）每个线程都有一个程序运行的入口，顺序执行序列和程序运行的出口，但线程不能单独执行，必须依存于进程中，由进程控制多个线程的执行。

（6）进程比线程拥有更多的相应状态，所以创建或销毁进程的开销要比创建或销毁线程的开销大得多。因此，进程存在的时间长，而线程则随着计算的进行不断地动态地派生和缩并。

（7）一个线程可以创建和撤销另一个线程。而且同一进程中的多个线程共享所属进程所拥有的全部资源；同时进程之间也可以并行执行，从而更好地改善了系统资源的利用率。

另一个重要概念是超线程。超线程技术就是利用特殊的硬件指令，把两个逻辑内核模拟成两个物理芯片，让单颗 CPU 都能进行线程级并行计算，进而兼容多线程操作系统和软件。这样可以减少 CPU 的闲置时间，提高 CPU 的运行效率。采用超线程后，应用程序在同一时间内可以使用芯片的不同部分。虽然单线程芯片每秒钟能够处理成千上万条指令，但是在任一时刻只能够对一条指令进行操作；而超线程技术可以使芯片同时进行多线程处理，从而提升了芯片性能。虽然采用超线程技术能同时执行两个线程，但它并不能像两颗真正的 CPU 那样使每颗 CPU 都具有独立的资源。当两个线程同时需要某一个资源时，其中一个要暂时停止，并让出资源，直到这些资源闲置后才能继续执行。因此，超线程的性能并不等于两颗 CPU 的性能，它实际上是一种并发执行方式。

1.6.3 单核编程和多核编程

单核 CPU 在某一时刻只能处理一个进程。所谓单核 CPU 的多进程模式是通过时间片轮转的方法快速地在各个进程间切换从而实现在不同时刻交替执行不同的任务，即伪并行。多核CPU的出现为提高计算机的运算速度提供了一种新的模式。多核编程计算就是把很多个单核连起来，协调工作，实现运算和处理能力的提升。多核CPU的多核模式是在物理上的并行执行，即在同一时刻允许有多个进程（或线程）在并行执行。

目前的微机系统，往往采用一颗两核或四核的CPU；计算用服务器或工作站则采用两颗（或更多颗）四核（或六核）CPU。在多核编程中，编程人员只需关心共享内存系统能够提供的CPU核心数量，而不必关心所用的CPU核心位于哪颗CPU上。即对多核编程来说，不同CPU上的核心的地位和作用是相同的。

与单核编程（串行程序）相比，多核编程具有如下的特点：

（1）串行程序针对一颗CPU核进行编程，执行方式是顺序执行；多核程序针对多颗CPU（或多个CPU核）编程，程序是并行执行的。

（2）串行程序在多核计算机上执行时，只有一个CPU核在运行程序，其他CPU核处于空闲状态；多核程序在多CPU（或多CPU核）计算机上执行时，计算机的全部（或部分）CPU（或CPU核）在部分时间段内同一时刻并行执行。

（3）串行程序执行时，CPU可随时对内存进行读写操作；多核程序执行时则会遇到数据竞争问题。如果多个线程对共享数据均进行读操作，对共享数据的访问无需加锁保护；而如果多个线程对共享数据进行写操作，则需对共享数据的访问进行加锁保护。

（4）单核编程时，无需考虑CPU核间的负载平衡；多核编程必须考虑各个线程的计算量均衡地分配到各CPU核上，从而实现最小的计算时间。

为了叙述方便，在以后的章节中，将不再区分CPU核和CPU的差别，而将CPU核和CPU等同，即系统能提供的CPU核心数量等同于相同数量的单核CPU。

1.6.4 线程绑定

编程人员可以指定操作系统在整个程序执行期间在同一节点上运行该程序中的线程。从硬件角度来看，计算机系统是由一个或多个物理处理器和内存组成，如图1-8所示。为了了解实际计算系统的处理器信息，在Linux系统中，可查阅文件/proc/cpuinfo。从操作系统角度来看成，每个物理处理器均可映射到可运行程序中所需线程的一个或多个虚拟处理器。例如，如果n个虚拟处理器可用，则可以同时调试n个线程运行。根据实际硬件系统的不同，虚拟处理器可能是处理器或处理器核等。

而运行的程序会将内存分为两个部分，一部分是共享变量使用的存储区域，另一部分供各线程的私有变量使用的存储区域，如图1-9所示。

通过线程绑定，程序能够获得更高的Cashe利用率从而提高程序性能。线程绑定是将线程绑定在固定的处理器上，从而在线程与处理器之间建立一对一的映射关系。因为线程总是在固定的处理器上运行，因此线程绑定也被称为处理器绑定。如果不进行线程绑定，线程可能在不同的时间片运行在不同的处理器上。

1.6.5 多线程编程和多进程编程

与多进程编程相比，多线程编程具有如下优点：

（1）创建一个线程比创建一个进程的代价小。线程共享进程的资源，线程被创建时不

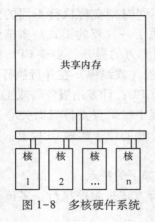

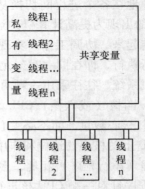

图 1-8   多核硬件系统   图 1-9   并行区域中多线程系统

需要再分配内存等资源，因而创建线程所需的时间要少。

（2）线程的切换比进程的切换代价小。线程作为执行单元，从同一进程的某个线程切换到另一线程时，需载入的信息比进程切换时要少，所以切换速度更快。

（3）可以充分利用多 CPU 资源。同一进程的线程可以在多个 CPU 核上并行运行。

（4）同一个进程内可以方便地共享数据。数据共享使得线程之间的通信比进程间的通信更高效。

图 1-10 表明，进程的资源包括进程的地址空间，打开的文件和 I/O 等资源[2,3]。图 1-10(b) 表明属于同一进程的所有线程共享该进程的地址空间、代码段和数据段，打开的文件等。每个线程都具有自己的线程编号、线程执行状态、寄存器集合和堆栈。

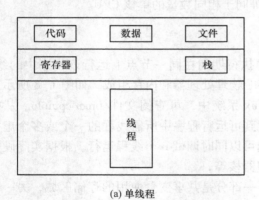

(a) 单线程

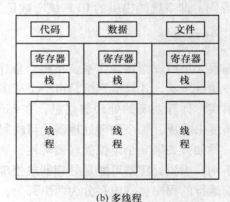

(b) 多线程

图 1-10   进程及其拥有的资源

1.6.6   并行算法评价

并行计算是提高计算机系统计算速度和处理能力的一种有效手段。从计算机体系的角度来看，n 个相同的 CPU 理论上能提供 n 倍的计算能力；从计算任务执行的角度来看，并行计算利用多颗 CPU 来协同求解同一问题，即将被求解的问题分解成若干个子问题，各个子问题均由一个独立的 CPU 来同时计算。这样，当问题规模不变时，增加 CPU 数量，会导致每颗 CPU 的工作量减少。在理想情况下，如果单 CPU 求解问题所需时间为 t，则采

用 n 颗 CPU 时可在 t/n 时间内完成。但是在实际过程中，并行开销会导致总的执行时间无法线性地减少。这些开销分别为：

（1）线程的建立和销毁、线程和线程之间的通信、线程间的同步等因素造成的开销。

（2）存在不能并行化的计算代码，造成计算由单个线程完成，而其他线程则处于闲置状态。

（3）为争夺共享资源而引起的竞争造成的开销。

（4）由于各 CPU 工作负载分配的不均衡和内存带宽等因素的限制，一个或多个线程由于缺少工作或因为等待特定事件的发生无法继续执行而处于空闲状态。

尽管如此，并行计算技术仍可以实质性地提高整个计算机系统的计算性能，而提高的程度取决于需要求解问题自身的并行程度。

对于一个实际的应用问题，编程人员通常关心的是并行程序的执行速度相对于串行程序的执行速度加快了的倍数。这就是衡量并行算法的主要标准——并行加速比（简称加速比）的由来。并行加速比可以衡量算法的并行对运行时间的改进程度，反映了并行计算中 CPU 的利用率。加速比的定义是顺序程序执行时间除以计算同一结果的并行程序的执行时间[17]。

$$R_s = \frac{t_s}{t_p}$$

式中，t_s 为一颗 CPU 程序完成该任务所需串行执行时间；t_p 为 n 颗 CPU 并行执行完成任务所需时间[9,18]。

需要注意的是，由于串行执行时间 t_s 和并行执行时间 t_p 有多种定义方式。这样就产生了五种不同的加速比的定义，即相对加速比、实际加速比、绝对加速比、渐近实际加速比和渐近相对加速比[19]。在实际应用中，常用的是相对加速比和实际加速比。相对加速比是在使用相同算法情况下单颗 CPU 完成该任务所需时间除以 n 颗 CPU 完成该任务所需时间。实际加速比是指用运行速度最快的串行算法完成该任务所需时间除以 n 颗 CPU 完成该任务所需时间。

在实际应用中，影响并行加速比的因素主要是串行计算、并行计算和并行开销[20]三方面。一般情况下，并行加速比小于 CPU 的数量。但是，有时会出现一种奇怪的现象，即并行程序能以串行程序快 n 倍的速度运行，称为超线性加速比。产生超线性加速的原因在于 CPU 访问的数据都驻留在各自的高速缓存（Cache）中，而高速缓存的容量比内存要小，但读写速度却远高于内存。在串行执行时，高速缓存容量有限，无法驻留所需的全部数据，因此高速缓存需从内存中读取数据，造成串行执行的时间较长。而并行执行时，每颗 CPU 所需的全部数据大幅减少从而能全部驻留在高速缓存，这样 CPU 读取数据速度可以远快于串行情况。因此，超线性加速一般出现在数据读取是计算的限制性环节的情况下。

衡量并行算法的另一个主要标准是并行效率，它表示的是多颗 CPU 在进行并行计算时单颗 CPU 的平均加速比。

$$R_p = \frac{R_s}{n}$$

理想并行效率为 1 表明全部 CPU 都在满负荷工作。通常情况下，并行效率会小于 1，且随 CPU 数量的增加而减小。但在超线性加速情况下，并行效率会大于 1[9,18]。

1.7 OpenMP 多核编程

确定应用 OpenMP 的时机和掌握 OpenMP 的语法同样重要。一般而言，在下面的情况下可以考虑应用 OpenMP：

（1）计算平台是多核或者多 CPU 平台。如果单 CPU 的处理能力已经被应用程序用尽，那么通过使用 OpenMP 使之成为多线程应用程序肯定可以提高性能。

（2）程序需要跨平台。OpenMP 通过编译指导语句实现并行，因此使用 OpenMP 编译指导语句的程序能够在不支持 OpenMP 标准的编译器上编译，从而实现跨平台运行。

（3）循环计算是计算瓶颈。OpenMP 主要针对循环进行并行化，如果应用程序具有一些没有循环依赖的循环，那么使用 OpenMP 能大幅度地提高性能。

（4）优化的需要。因为使用 OpenMP 不需要大幅修改已有的程序，所以它是一个理想的进行小改动而获取高性能的实用工具。

综上所述，OpenMP 并不能用来处理所有多线程问题。这是因为它原本是为高性能计算的应用需要而开发的，所以它在包含大量数据共享且存在复杂循环体的循环中才会有更优异的表现。当然，使用 OpenMP 也必须付出代价。要想从 OpenMP 获取性能提升，就必须让并行区域的加速比大于线程组的开销。

1.7.1 OpenMP 历史

OpenMP 是由主要的计算机硬件和软件厂商共同制定的一种面向共享内存的多 CPU 多线程并行编程接口。图 1-11 给出了 OpenMP 的发布历史。1994 年，第一个 Ansi X3H5 草案提出，但遭到否决。1997 年 10 月，发布了与 Fortran 语言捆绑的第一个标准规范 Fortran Version 1.0；1998 年 10 月，发布了支持 C 和 C++的标准规范 C/C++ Version 1.0；2000 年 11 月，与 Fortran 语言捆绑的第二个标准规范 Fortran Version 2.0，2002 年 3 月，发布了支持 C 和 C++的第二个标准规范 C/C++ Version 2.0；2005 年 5 月，OpenMP 2.5 将原来的 Fortran 和 C/C++标准规范相结合[2]。2008 年 5 月，发布了有关任务为新特征的标准规范 OpenMP 3.0。2013 年 7 月，发布了以向量化和异构计算为新特征的标准规范 OpenMP 4.0。2015 年 11 月，发布了以提高异构计算性能（指令 target enter/exit data 和 target 复合指令等）和任务循环指令 taskloop 为新特征的标准规范 OpenMP 4.5。

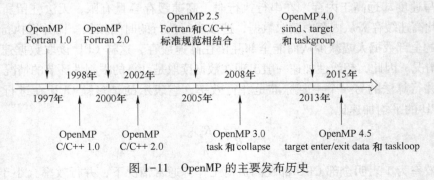

图 1-11 OpenMP 的主要发布历史

2016 年 11 月和 2017 年 11 月，发布了以 OpenMP 5.0 标准规范的第一次和第二次修改稿，正式稿计划于 2018 年 11 月发布。OpenMP 5.0 将具有如下新特征：

（1）增强对 GPU 等目标设备的支持。例如，多级内存系统的内存分配机制可将数据放入不同类型的存储器中；增加自定义映射器和组合机制从而实现将面向对象的数据结构正确复制到目标设备（加速器设备）。

（2）增加 OpenMP 应用程序的调试优化工具界面。OMPD 工具界面可以直观地调试 OpenMP 代码，OMPT 工具界面可以深入分析 OpenMP 程序的性能。

（3）增强对任务结构的支持。例如，任务可以具有动态确定依赖关系集，可以对任务集合内的其他任务进行相互排斥或排序，也可以进行规约操作。

1.7.2 OpenMP 特点

编写 OpenMP 程序只需要在已有的串行程序上稍加修改即可。在需要并行的代码段的开始和结束的地方加上 OpenMP 语句（编译指导语句）来引导并行的开始和结束，并在必要的位置加入同步、互斥和通信。这些 OpenMP 语句本身处于注释语句的地位，必须在编译时加上 OpenMP 并行参数才能将程序进行并行化。如果选择忽略这些编译指导语句，或者编译器不支持 OpenMP 时，编译出来的程序仍旧是串行程序，代码仍然可以正常运作，只是不能利用多线程来加速程序执行。因此采用 OpenMP 并行编程对程序的改动小，是最容易实现的并行方式。通常情况下，使用 3~4 条指令就可以实现并行处理，十分方便快捷。

OpenMP 提供给共享内存编程人员一种简单灵活的用于开发并行应用的接口模型，这样，并行程序既可以运行在台式机，又可以运行在服务器或工作站上，具有良好的可移植性和可缩放性。同时，OpenMP 程序可以运行在 Windows、Linux 和 Unix 等操作系统上。OpenMP 具有如下主要特点：

（1）在编程模型上，OpenMP 规范的核心是并行区域和并行共享结构。编程人员通过并行共享指令实现程序结构块（循环、程序片断和函数）的并行化和向量化。

（2）在执行模式上，OpenMP 对部分循环可采用指令 simd 显式地实现向量化。在并行区域采用的是线程的派生和缩并模式。主线程首先执行程序的串行部分，通过派生其他子线程来执行并行区域。当重新执行程序的串行部分时，这些子线程（主线程除外）进入缩并（休眠）状态。

（3）在数据环境上，OpenMP 规定，在并行区域内，各个子线程拥有各自的私有变量，其他线程不能访问；全部线程均可对共享变量进行读写操作。

（4）在线程同步上，OpenMP 主要利用共享结构后的隐式同步来避免数据竞争，利用指令 flush 等显式同步来维护共享数据的一致性，利用指令 taskwait 和指令 taskgroup 等实现任务的同步完成。

（5）采用指令 task、taskwait、taskgroup、taskloop 等实现非规则循环和递规等的并行计算。

（6）在异构设备上，利用指令 target、task、taskwait 等实现异构计算。

这里，需要重点指出的是：

（1）OpenMP 不能应用于分布式内存并行系统。

（2）大多数厂商生产的硬件均支持 OpenMP，但 OpenMP 不是强制性标准，并不要求所有厂商必须实现。

（3）应用 OpenMP 并不能保证最有效率地利用共享内存。

（4）OpenMP 不能检查出所有的数据相关、数据冲突，也不能确认速度瓶颈或死锁。

（5）OpenMP 并不是用于编译器自动生成并行化指令，而是用于指导编译器协调这些并行化处理。

（6）OpenMP 没有并行 I/O 的规定，因此 OpenMP 不保证对文件的输入和输出操作的同步，文件输入输出的同步完全由程序员负责。如果不同的线程进行不同文件的 I/O 操作，就不成问题。当多个线程试图对同一个文件进行读写操作时则要特别注意。

1.8 Linux 系统

目前，并行计算已经成为计算科学研究和应用中的热点，各种并行计算系统层出不穷，其中发展最快的是基于 Linux 平台的并行计算环境[15]。使用 Linux 系统来构建并行计算平台具有许多优点：

（1）Linux 最大的优势就是价格，通常只需少量的软件和硬件投资就可以拥有一个计算用服务器。相比之下，Linux 对硬件的要求比 Windows 要低得多，即使是普通用户也可以利用 Linux 来构建一个高性能的并行计算环境，从而替代以往开销昂贵的大型计算机。

（2）自由和开放是 Linux 最吸引人的特点，同时也为提高并行系统的性能提供了更加广阔的空间。开发者可以很容易地深入到系统的核心，从而实现在操作系统级提高性能。

（3）在相同软硬件配置情况下，Linux 与其他操作系统相比具有更高的效率，尤其是网络性能和稳定性，而这些正是衡量并行计算平台优劣的关键所在。

（4）Linux 操作系统中许多 C/C++编译器是免费的，并且这些 C/C++编译器功能强大，丝毫不逊于 Windows 操作系统中的 C/C++编译器。我们建议在系统中安装两套以上的 C/C++编译系统，如 GCC 编译器和 Intel ICC 编译器。当出现编译错误时，利用两套编译系统分别进行编译，通过对比编译信息来判断出错原因是编译系统的问题还是并行程序的问题。

在 Windows 系统下的 C/C++编译器大多是具有集成开发环境的商业软件，价格十分昂贵。而在 Linux 操作系统下，常用的编译器大多数是免费的。唯一的缺点是没有统一的集成开发环境，在可视化、在编辑调试方面似乎很不方便。但事实并非如此。Linux 系统中有两个非常实用的编辑器 Vim 和 Emacs。这两种编辑器为 C/C++程序的编写和调试提供了非常便利的环境。而且还有大量的插件可供下载，如语法检查及自动补全等。互联网提供了许多关于这两种编辑器的入门资料，只要愿意花费时间，完全可以利用这两个编辑器大幅度地提高工作效率。

1.9 常用编译器与 OpenMP

随着 OpenMP 新标准的陆续推出，不同公司也随之推出支持 OpenMP 新标准的编译器，如表 1-3 所示。需要注意的是，如果希望利用 OpenMP 编译器进行异构计算，需要先安装 CUDA 软件，再安装相应版本的 C/C++编译器。

表 1-3 不同公司的 C/C++编译器及其支持的 OpenMP 版本

公司	编译器	版本关系
GNU	Linux 系统：	GCC 4.2.0 支持 OpenMP 2.5
	gcc	GCC 4.4.0 支持 OpenMP 3.0
	g++	GCC 4.7.0 支持 OpenMP 3.1
	g77	GCC 4.9.0 支持 OpenMP 4.0 中 C/C++，不支持 Fortran
	gfortran	GCC 4.9.1 完全支持 OpenMP 4.0
	Windows 系统：	GCC 6.1 支持 OpenMP 4.5 中 C/C++，不支持 Fortran
	MinGW	GCC 7.1 部分支持 OpenMP 4.5 中 Fortran
	MinGW-W64	编译开关为-fopenmp
Intel	icc	版本 10.1 支持 OpenMP 2.5
	icpc	版本 11.0 支持 OpenMP 3.0
	ifort	版本 12.0 完全支持 OpenMP 3.1
		版本 15.0 支持 OpenMP 4.0
		版本 17.0 支持 OpenMP 4.5
		Windows 下的编译开关为-Qopenmp，Linux 下的编译开关为-openmp 或 -qopenmp
PGI	pgcc	版本 8.01 支持 OpenMP 3.0
	pgCC	Linux 下的编译开关为-mp
	pgf77	
	pgf90	
	pgf95	
MS	Visual Studio	版本 2008 的编译器支持 OpenMP 2.0

1.9.1 Windows 环境下 Visual Studio 2008 命令行界面的编译和执行

（1）将文件 th.cpp 拷贝到 C 盘目录 C:\study 下。文件 th.cpp 的具体内容如下：

```
/* File:th.cpp  */
/* program:test_hi  */
#include <omp.h>
#include<stdio.h>
int main()
{
    #pragma omp parallel
    printf("Hi\n");
    return 0;
}
```

（2）进入命令行模式。

如果点击系统菜单［Start］→［All Programs］→［Microsoft Visual Studio 2008］→［VisualStudio Tools］→［Visual Studio 2008 Command Prompt 2008］，那么命令行窗口的消息栏中会出现图1-12的提示。

图1-12　Visual Studio 2008 命令行界面

这样，C/C++编译系统环境就自动设置完毕。

（3）编程人员在此命令行窗口，通过运行 DOS 命令进入需要编译的程序目录，然后编译执行。在本例中，进入目录 C:\study，并查看文件 th.cpp 是否存在。

```
cd c:\study
dir
```

（4）以 OpenMP 方式编译文件 th.cpp，生成可执行文件 th.exe，并用命令 dir 查看可执行文件 th.exe 是否成功生成。

```
cl-openmp th.cpp
dir
```

（5）运行可执行文件 th.exe。

```
th
```

1.9.2　Windows 环境下 Visual Studio 2008 菜单界面的编译和执行

（1）启动 Microsoft Visual Studio 2008，点击［File］→［New］→［Project… Ctrl+Shift+N］，生成一个新项目。

（2）在弹出的对话框选择［Visual C++］→［Win32］→［Templates］→［Visual Studio intalled templates］→［Win32 Console Application］→［A project for creating a Win32 console application］→［Name:］，输入名称（例如 test），方案名称自动生成；存放位置可以采用默认路或自定义路径；点击"OK"；然后依次点击［Next］和［Finish］。

（3）设置目前的编译器支持 OpenMP 编译选项，具体如下：［Project］→［Properties Alt+F7］→［Configuration Properties］→［C/C++］→［Language］→［OpenMP Support］→［Yes（/openmp）］→［应用］→［确定］，如图1-13所示。

（4）编译器的程序编译选项由调试（debug）改为发布（release），从而提高程序运算速度，具体如下：在菜单选项 Window 下面的下拉菜单由 Debug 替换为 Release，如图1-14所示。

此选项的默认值为 Debug，相当于编译优化选项中的/debug。选项 Debug 运行速度较

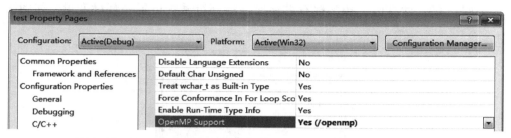

图 1-13　Visual Studio 中应用程序项目 OpenMP 并行运行环境的设置

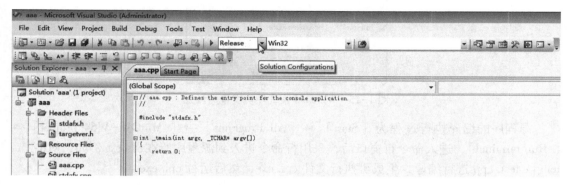

图 1-14　Visual Studio 中应用程序项目的发布版本编译环境

慢，多用于程序的调试。

（5）保留文件头#include "stdafx. h"，将书中程序 th. cpp 粘贴到文件头的下方，例如：

```
/*  File:test. cpp   */
/*  program:test    */
#include "stdafx. h"
#include <omp. h>
#include<stdio. h>
int main( )
{
    #pragma omp parallel
    printf( "Hi\n") ;
    return 0;
}
```

（6）对文件 test. cpp 进行编译［Build］→［Rebuild test］，生成为可执行文件。

（7）运行可执行文件：［Debug］→［Start Without Debugging］。

1.9.3　Windows 环境下 MinGW-W64 的安装

MinGW-W64 是 Windows 系统上 GCC（GNU Compiler Collection）的官方版本。具体安装过程可参考安装说明，不再赘述。但需要说明的是，软件安装完毕后需要配置相关环境变量：桌面→在"计算机"按鼠标右键→属性→高级系统设置→环境变量，如图 1-15 所示。

图 1-15　Windows 系统环境变量的设置

源程序的编译执行过程为［Start］→［All Programs］→［MinGW-W64 project］→［Run terminal］，进入命令行窗口后，采用行命令进入到源程序所在目录。例如，对 d:\ temp\test.cpp 进行编译，生成可执行文件 cpi.exe，然后运行 cpi.exe。

```
cd d:\temp
g++ -fopenmp -o cpi.exe test.cpp
cpi
```

1.9.4　Linux 环境下 Intel C/C++编译器 icc 的安装

Linux 环境下 C/C++编译器 icc 的安装可参见《多核并行高性能计算 OpenMP》中 Intel Fortran 编译器的安装，这里不再赘述。

1.9.5　在 Windows 系统下远程操作服务器端 Linux 环境下的编译器

（1）如果本地机采用的是安装 Windows 系统的微机或笔记本，而远程机是安装 Linux 系统的服务器，则可安装文件传输软件 SSH Secure File Transfer 或 Bitvise SSH 等。下面以 SSH Secure Shell 3.29 版为例进行说明。

（2）用鼠标点击左上角的图标 Quick Connect，弹出对话框，输入远程服务器的 IP 地址，用户名，端口默认为 22，认证方式选择 Password，然后点击 Connect；输入密码后即可登录远程的 Linux 服务器端。

（3）通过鼠标可进行文件的上传和下载操作。例如将文件 th.cpp 上传到远程服务器上。

（4）选择 Window->New Terminal，即可打开一个终端窗口，在此窗口内用键盘输入行命令 ls 显示当前目录中的文件，采用 Intel 编译器编译源程序 th.cpp，生成可执行文件 cpi；最后运行可执行文件 cpi。

```
ls
icc -qopenmp -o cpi th. cpp
./cpi
```

1.9.6 Windows 和 Linux 环境下常用命令和系统资源检查

在 Linux 系统的命令行模式下，C 编译器的常用命令如表 1-4 所示。在并行计算中，常用的与操作系统有关的命令如表 1-5 所示。

表 1-4　C/C++编译器常用命令

命 令 说 明	Linux 系统	
	GCC	Intel ICC
显示编译器版本	gcc -v	icc -v
显示编译器版本	gcc -help	icc -help
对 C 程序进行串行编译，优化选项为-O2	gcc -O2 -o ttt hello. f	icc -O2 -o ttt hello. c
对 C 程序进行 OpenMP 并行编译	gcc -fopenmp -o ttt hello. c	icc -qopenmp -o ttt hello. c
对 C 程序进行 OpenMP 并行优化编译	gcc -O2 -fopenmp -o ttt hello. c	icc -O2 -qopenmp -o ttt hello. c
对 C++程序进行 OpenMP 并行优化编译	g++ -O2 -fopenmp -o ttt hello. cpp	icpc -O2 -qopenmp -o ttt hello. cpp
设置线程数量	export OMP_NUM_THREADS=4	
程序的执行	./ttt	

表 1-5　操作系统有关的命令行指令

操作系统	Linux	Windows
系统内存和 CPU 占用情况	在命令行中键入 top 查看 CPU 内存总体使用情况。如果按数字 1 可查看各个 CPU 和内存使用情况，接着再次按数字 1 可还原至查看 CPU 内存总体使用情况。最后，同时按 Ctrl+c 或键入 q 退出	在当前窗口同时按下 Ctrl、Alt 和 Delete 这三个键，在 Windows 任务管理器里查看进程选项卡或性能选项卡里面的相关内容
中断程序执行	在命令行中键入 kill 进程号	1. 在任务管理器里找到相关文件后，按鼠标右键选中结束任务来中断此程序的执行。 2. 运行程序对话框右上角选择 X 选项

需要指出的是，本书的第 1 章~第 9 章所有程序在 Linux 系统下 Intel C/C++编译器 icc 16. 0. 2 和开源软件 GCC 4. 8. 5 下编译通过。由于硬件系统和软件的差异，因此最终的显示格式和计算用时间会存在细微差别。由于没有合适的编译器，因此第 10 章只能根据 OpenMP 官方文件和相关材料进行编写，不可避免地存在一些错误。

1.10　小　结

本章主要介绍了并行计算机的种类，阐述了并行计算中常用概念，比较了不同并行计算模式的差异，综述了 OpenMP 的发展历史，并建议在 Linux 系统中开展较大规模的并行计算。

练 习 题

1.1 目前正在使用的计算机能否进行并行计算？如果可进行并行计算，那么可采用的哪几种并行编程模式？并简述理由。

1.2 按照 CPU 与存储器的连接方式划分，目前学校计算中心使用的并行计算机有哪几类？

1.3 简述进程和线程的区别和联系。

1.4 简述多线程和超线程的区别和联系。

1.5 简述异构计算的特点。

1.6 从操作系统和编程语言角度对目前使用的计算环境进行评价。

1.7 请给出你所用编译器的名称和版本以及其所支持 OpenMP 的版本。

1.8 在 Linux 或 Windows 环境下，运行程序 hl.cpp，记录不同线程数和不同编译方式下的运行时间。

```
/ *  File:hl.cpp  * /
/ *  program:heavy_load   * /
#include <stdio.h>
#include<math.h>
#include <stdlib.h>
#include<omp.h>
int main()
{
    int i,j,k,nthreads,n_running_threads,num_steps;
    double x,tsum,sum,step,start_time,end_time,used_time;

    nthreads=2;
    num_steps=500;
    start_time=omp_get_wtime();
    omp_set_num_threads(nthreads);
    step=1.0/(num_steps);
    sum=0.0;

    #pragma omp parallel private(x,i)default(shared)
    {
        n_running_threads=omp_get_num_threads();
        #pragma omp for reduction(+:sum)
        for(i=0;i<num_steps;i++)
        {
            for(j=0;j<num_steps;j++)
            {
```

```
                for(k=0;k<num_steps;k++)
                {
                x=(i+j+k+0.5)*step;
                sum=sum+sin(tan(log(abs(sin(cos(x+20.)+2.)+3.)+4.))));
                }
            }
        }
    }


    tsum=step*sum;
    end_time=omp_get_wtime();
    used_time=end_time-start_time;
    printf("used_time=%lf  seconds\n",used_time);
    printf("nthreads=%d  num_steps=%d  \n\n",n_running_threads,num_steps);

    printf("tsum=%lf\n",tsum);
    return 0;
}
```

提示：

（1）线程数 nthreads 的取值可根据硬件条件取 1、2、3 或 4 等。

（2）在 Windows 系统中，Visual Studio 2008 命令行方式下的编译选项可取：

```
cl -openmp hl.cpp
cl -openmp -O1 hl.cpp
cl -openmp -O2 hl.cpp
```

（3）在 Windows 系统中，Visual Studio 2008 菜单方式下的编译选项可取 Debug 和 Release。

（4）在 Linux 系统 GNU 编译器 g++方式下的编译选项可取：

```
g++ -fopenmp -o cpi hl.cpp
g++ -fopenmp -O1-o cpi hl.cpp
g++ -fopenmp -O2-o cpi hl.cpp
```

（5）在 Linux 系统 Intel C/C++编译器 icc 方式下的编译选项可取：

```
icpc -qopenmp -o cpi hl.cpp
icpc -qopenmp -O1 -o cpi hl.cpp
icpc -qopenmp -O2 -o cpi hl.cpp
```

2　OpenMP 编程简介

OpenMP 的结构类型如图 2-1 所示。其中,并行控制类型用来设置并行区域创建线程组,即产生多个线程来并行执行任务;工作共享类型将任务分配给各线程或进行向量化,工作共享指令不能产生新的线程,因此必须位于并行域中;数据环境类型负责并行域内的变量属性(共享或私有)、边界上(串行域与并行域)、主机和异构计算设备间的数据传递;线程同步类型利用互斥锁和事件通知的机制来控制线程的执行顺序,保证执行结果的确定性;库函数和环境变量则是用来设置和获取执行环境相关的信息。

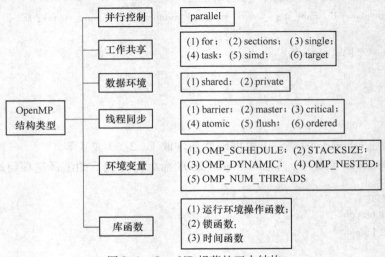

图 2-1　OpenMP 规范的五大结构

OpenMP 由编译指导语句(或编译制导语句)、库函数和环境变量三部分组成。其指导思想是将工作划分为多个子任务分配给多个线程,从而实现多核并行处理单一的地址空间,避免了转向消息传递或其他并行编程模型时所具有的风险。但是,支持 OpenMP 的编译器不会检测数据依赖、冲突、死锁、竞争以及其他可能导致程序不能正确执行的问题,这些问题必须由编程人员自己解决。

2.1　编译指导语句

图 2-2 给出了 OpenMP 应用程序的三个组成部分:编译指导语句、库函数和环境变量。其中,编译指导语句是串行程序实现并行化的桥梁,是编写 OpenMP 应用程序的关键。但是,编译指导语句的优势仅体现在编译阶段,对运行阶段的支持较少。因此,编程人员需要利用库函数这个重要工具在程序运行阶段改变和优化并行环境从而控制程序的运行。例如,在程序运行过程中,检查系统当前可以使用的 CPU 数量、执行上锁和解锁操作。而环境变量则是库函数控制函数运行的一些具体参数。例如,在并行区域内设置派生

线程的数量。

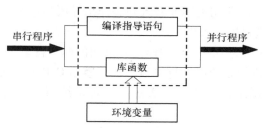

图 2-2　OpenMP 并行化执行模式

2.2　并行执行模式

OpenMP 采用的执行模式是串行→并行→串行→并行→串行……如图 2-3 所示。这种执行模式的核心在于并行区域中线程的派生/缩并（fork/join）[2,7]。其特点如下：

（1）在程序的串行区，由线程 0 执行串行代码。

（2）程序从执行开始到执行结束，主线程（通常是线程 0）一直在运行。

（3）在程序的并行区域，主线程和派生出来的子线程共同工作执行代码。

（4）如果并行区域没有执行完毕，则不能执行串行区的代码。即主线程和派生出来的子线程只有在执行完并行区域的全部并行代码后，才能将子线程缩并（退出或者挂起），然后由主线程继续执行位于并行区域后面的串行区代码。

（5）在并行区域结束后，派生出来的子线程缩并，由主线程单独执行代码。

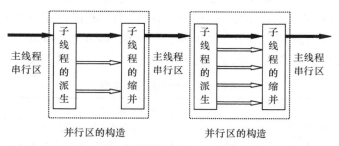

图 2-3　串行程序的 OpenMP 并行化

2.2.1　编译指导语句格式

在 C/C++语言中，OpenMP 的编译指导语句格式见表 2-1。

表 2-1　编译指导语句格式

标识符	指令名	［子句列表］	续行符	换行符
采用 # pragma omp 作为 OpenMP 编译指导指令前缀	在指导指令前缀和子句之间必须有一个有效的 OpenMP 指导指令	这是可选项。除非有另外的限制，否则子句能够按照任意顺序排列	这是可选项。采用 \ 表示。表示编译指导语句还未结束，在第二行继续	这是必选项。位于被这个指令包围的结构块之前，表明这条编译指导语句的终止

指令名后的选项可以按任意次序排列，需要时也可以重复。但是编译指导语句不能嵌入到 C/C++语句中，C/C++语句也不能嵌入到编译指导语句中。

C/C++格式文件需满足以下条件：

（1）以#pragma omp 作为 OpenMP 编译指导语句的标识符。

（2）每个编译指导语句必须以换行符结尾，并遵循 C 和 C++编译器编译指令标准。

（3）长指令可在行尾用符号"\"表示下一行是续行，续行可以接其他 OpenMP 子句。例如：

```
#pragma omp parallel for default( none)\
                    private( i, j, sum) shared( m, n, a, b, c)
```

（4）C/C++程序中 OpenMP 指令区分大小写，所有编译指导语句格式均用小写字母表示。子句出现的顺序并不重要。#前后和关键字间可以有空白。

（5）每条指令只能有一个指令名称。

（6）每条指令应用于随后的一个语句，该语句必须为结构块。如果结构块包括多行语句，可用大括号括起来。

（7）注释语句与 OpenMP 编译指导语句不能在同一行出现。

（8）OpenMP 并行程序编写方法采用增量并行方式。具体而言，逐步改造现有的串行程序，每次只对部分代码进行并行化，这样可以逐步改造，逐步调试。

2.2.2　主要指令

编译指导语句格式中主要指令如表 2-2 所示。这些指令用来指导多个 CPU 共享任务或用来指导多个 CPU 同步，而指令后面的子句则给出了相应的指令参数，从而影响编译指导语句的具体执行。除了 5 个指令（flush、critical、master、ordered、atomic）没有相应的子句以外，其他的指令都有一组适合它的子句。

表 2-2　OpenMP 主要指令

指令	描　　述
parallel	放在一个代码段之前，表示这段代码将分配给多个线程进行并行执行
for	放在 for 循环之前，将循环分配给多个线程并行执行，但必须保证每次循环之间没有相关性
sections	放在被并行执行的代码段之前
critical	用在一段代码之前，表明临界块中的代码只能由一个线程执行，其他线程则被阻塞在临界块开始位置
single	用在一段只被单个线程执行的代码段之前，表示后面的代码段将仅被一个线程执行
flush	标识一个同步点，确保所有执行的线程看到一致的存储器视图，即执行的各个线程看到的共享变量是一致的
barrier	标识一个栅障用于并行区域内线程组中所有线程的同步。先到达的线程在此阻塞，等待其他的线程，直到所有线程都执行到栅障时才能继续往下执行
atomic	指定特定的一块内存区域被自动更新
master	指定一段代码块仅由主线程执行
ordered	指定并行区域内的循环按次序执行。保证任何时刻只能有一个线程执行被 ordered 所限制的部分，它只能出现在 for 或者 parallel for 语句的动态范围内

指令	描　述
task	生成一个任务结构
taskwait	等待子任务的完成
taskgroup	等待子任务和所有子孙任务的完成
taskloop	对循环迭代进行分割并捆绑到多个任务中
simd	对循环进行向量化操作
target	在目标设备上运行 target 结构内代码块
teams	表示紧随其后的循环会分配给多个线程组
distribute	将循环以隐式任务形式分配给线程组群执行

在表 2-2 所示的这些指令中，一些指令须进行语句绑定，才能使用[2,7,8]。例如：

（1）指令 for、sections、single、master 和 barrier、task 等必须绑定在指令 parallel 定义的并行区域中。如果这些指令不在并行区域内执行，则是无效指令。

（2）指令 simd 可以出现在 parallel 指令定义的并行区域中，也可以出现在串行区域中。

（3）指令 ordered 必须与 do 指令绑定。

（4）指令 atomic 使 atomic 指令下第一个语句在所有线程中都能互斥地进行读写数据操作，但是 atomic 只能保护一句代码。

（5）指令 critical 使所有 critical 结构中的语句在所有线程中都能互斥地进行读写数据操作，但是指令 critical 只能保护一个并行程序块。

（6）除指令 parallel 外，一个指令不能与其他指令绑定使用。

以下是不允许绑定使用的指令[2,7,8]：

（1）指令 for、sections 和 single 可以绑定到同一个 parallel 中，但它们之间不允许互相嵌套，也不能将它们嵌套到隐式任务、critical 结构、atomic 结构、ordered 结构和 master 结构中。

（2）指令 parallel、flush、critical、atomic 和隐式任务不允许出现在 atomic 结构中。

（3）指令 critical 不允许互相嵌套。

（4）指令 barrier 不允许出现在并行构造（for、sections 和 single）、critical 结构、atomic 结构、ordered 结构、master 结构和隐式任务中。

（5）指令 master 不允许出现在并行构造（for、sections 和 single）、critical 结构、atomic 结构和隐式任务中。

（6）指令 ordered 不允许出现在 critical 结构、atomic 结构和隐式任务中。

2.2.3　主要子句

在指令后面常用的选项如下：

（1）private（变量列表）。

（2）shared（变量列表）。

（3）default（none | shared）。

（4）reduction（运算符：变量列表）等。

OpenMP 的主要子句的功能如表 2-3 所示。

表 2-3　OpenMP 主要子句的功能

子句	描　　述
private	表示变量列表中列出的变量对于每个线程来说均是私有变量，即每个线程都拥有自己的私有变量副本
shared	表示变量列表中列出的变量被线程组中所有线程所共享，即所有的线程都能对这些变量进行读写操作
default	表示并行区域中所有变量是私有变量或共享变量或者未定义，缺省情况下变量是共享变量
firstprivate	表示每个线程都有自己的变量副本，并且私有变量在进入并行区域时需要继承主线程中同名原始变量值作为自己的初始值
lastprivate	表示退出并行区域后，执行最后一次迭代或最后一个 section 的线程中一个或多个私有变量的值复制给主线程中同名原始变量
reduction	指定一个或多个变量是私有变量，并在并行结束后对线程组中的相应变量执行指定的归约运算，并将结果返回给主线程的同名变量
threadprivate	表示一个全局变量在并行区域内变成每个线程的私有变量
copyin	将主线程中 threadprivate 定义的全局变量的私有副本复制给同一并行区域内其他线程的同名变量的私有副本
copyprivate	将线程中局部变量的私有副本复制给同一并行区域内其他线程的同名变量的私有副本，一般与 single 指令联合使用
nowait	表示并发线程忽略指令中暗含的栅障
schedule	指定 for 循环的任务分配调度类型
ordered	表示 for 循环内的指定代码段要按串行循环的迭代次序进行执行
num_threads	指定线程的个数
if	条件判断
map	指定主机和目标设备之间数据传输的方向
device	给出设备编号，指定并行计算设备

2.2.4　指令的作用域

OpenMP 指令的作用域分为三种情况：

（1）静态范围。代码由一条 OpenMP 指令开头，写在一个结构块的开始和结束之间。指令的静态范围不能跨越多个函数或代码文件。文本代码在一个编译指导语句的后面，被封装到一个代码块（或结构块）中。

（2）孤立范围。孤立指令是独立于其他的指令的一个 OpenMP 的指令。它处于另外一个指令的静态范围之外，可以跨越多个例程或代码文件。OpenMP 规范不限制工作共享和同步指令（omp for，omp single，critical，barrier 等）在并行区域内部。

（3）动态范围。指令的动态范围包括它的静态范围和孤立范围。

事实上，当一个孤立的工作共享或同步指令位于程序的串行部分（即在任何并行区域的动态范围以外），只有主线程才会执行此指令。换言之，该 OpenMP 指令将被忽略。

现以下面程序片断为例进行说明 OpenMP 指令的作用域范围。主程序中 parallel 区域内的指令 for 的作用域为静态范围；函数 fun1 中指令 critical 和函数 fun2 中指令 sections 出现在封闭的 parallel 区域以外，其指令范围属于孤立指令范围；而函数 fun1 中指令 critical

和函数 fun2 中指令 sections 处于指令 parallel 和指令 for 的动态范围内。

```
int main()
{

    #pragma omp parallel
    {

        ...

        #pragma omp for
        for(i=0;i<5;i++)
        {

            ...
            fun1;

        }
        fun2

}
void fun1
{

    #pragma omp critical
    {

        ...

    }

}
void fun2
{

    #pragma omp sections
    {

        ...

    }

}
```

2.2.5 指令和子句的配套使用

在 OpenMP 指令中, 常用指令和常用子句的对应关系如表 2-4 所示。

表 2-4 常用指令和常用子句的配套

子句	parallel	for	sections	single	parallel for	parallel sections	task	simd	target
if	√				√	√	√		√
private	√	√	√	√	√	√	√	√	√
shared	√				√	√	√		
default	√				√	√	√		
firstprivate	√	√	√	√	√	√	√		√
lastprivate		√	√		√	√		√	
reduction	√	√	√		√	√		√	
copyin	√				√	√			
copyprivate				√					

续表 2-4

子句	parallel	for	sections	single	parallel for	parallel sections	task	simd	target
schedule		√			√				
ordered		√			√				
nowait		√	√	√					√
num_threads	√				√	√			
collapse		√			√			√	

然而，在 OpenMP 指令中，master、critical、barrier、atomic、flush、ordered、threadprivate 指令必须单独使用，不能与子句联合使用。

对于两个指令的绑定，必须遵循如下原则：

（1）如果存在 parallel 区域，指令 for、sections、single、master、barrier 和 target 需要绑定到动态封装的 parallel 区域内；如果当前没有要被执行的 parallel 区域，则这些指令就没有效果。

（2）指令 ordered 需要绑定到动态封装的 for 区域内。

（3）指令不会绑定到超出最邻近那个 parallel 封装的任何其他指令结构。

对于两个指令的嵌套，须遵循如下原则：

（1）当一个 parallel 区域嵌套在另一个 parallel 区域时，将产生一个新的线程组。此线程组默认为一个线程。

（2）绑定到同一个 parallel 的指令 for、sections 和 single，不允许相互嵌套。

（3）指令 for、sections 和 single 不允许在 critical、ordered 和 master 区域的动态范围内。

（4）相同命名的 critical 指令不允许相互嵌套。

（5）指令 barrier 不允许在 for、ordered、sections、single、master 和 critical 区域的动态范围内。

（6）指令 master 不允许在指令 for、sections 和 single 的动态范围内。

（7）指令 ordered 不允许在 critical 区域的动态范围内。

（8）任何允许在一个 parallel 区域动态执行的指令也被允许在一个 parallel 区域外执行。当指令在一个用户指定的并行区域外动态执行时，只受由主线程组成的线程组的影响。

2.3 头 文 件

如果要调用 OpenMP 库函数，则必须包含 OpenMP 头文件 omp. h。这个头文件是一个调用库中多种函数的应用编程接口。通过这个文件，编译器才能自动链接正确的库。当在 Linux 系统使用 C/C++编译器时，C/C++源代码可采用下述方式包含 OpenMP 头文件：

```
#include<omp. h>
```

但是应该注意的是，Linux 系统对文件名的大小写敏感，而 Windows 系统对文件名的大小写则不敏感。因此，为了保证程序在 Windows 系统和 Linux 系统下均能不加改变地使用，建议对头文件名统一采用小写格式。

2.4 常用库函数

除了编译指导外，OpenMP 还提供了一组库函数。这些库函数可分为三种：运行时环境函数，锁函数和时间函数。下面列出几个常用的 OpenMP 库函数。

（1）omp_set_num_threads：设置后续并行区域中并行执行的线程数量。

（2）omp_get_num_procs：返回计算系统的处理器数量。

（3）omp_get_num_threads：确定当前并行区域内活动线程数量。如果在并行区域外调用，该函数的返回值为 1。

（4）omp_get_thread_num：返回当前的线程号。线程号的值在 0（主线程）到线程总数减 1 之间。

（5）omp_get_max_threads：返回当前的并行区域内可用的最大线程数量。

（6）omp_get_dynamic：判断是否支持动态改变线程数量。

（7）omp_set_dynamic：启用或关闭线程数量的动态改变。

（8）omp_get_wtime：返回值是一个双精度实数，单位为秒。此数值代表相对于某个任意参考时刻而言已经经历的时间。

（9）omp_init_lock：初始化一个简单锁。

（10）omp_set_lock：给一个简单锁上锁。

（11）omp_unset_lock：给一个简单锁解锁，须与 omp_set_lock 函数配对使用。

（12）omp_destroy_lock：关闭一个锁并释放内存，须与 omp_init_lock 函数配对使用。

需要指出的是，以 omp_set_ 开头的函数只能在并行区域外调用，其他函数可在并行区域和串行区域使用。

2.5 最简单的并行程序

OpenMP 中的指令、子名、函数均采用小写，为了表述方便，在本文的后续章节的所有源程序中，所有涉及 OpenMP 中的关键字均采用粗体表示。

下面给出了一个简单的串行程序。

```
/* File:hs. cpp  */
/* program:hello_serial  */
#include<stdio. h>
main( )
{
    printf( "Hello 1\n" );
    printf( "Hi\n" );
    printf( "Hello 2\n" );
}
```

在源程序所在目录，键入如下命令行对源程序 hs. f 进行编译：

```
g++ -o ttt hs. cpp
```

或

```
icpc -o ttt hs. cpp
```

当可执行文件 ttt 生成后，采用如下命令运行此可执行文件。

```
./ttt
```

可执行文件 ttt 的运行结果如下：

```
Hello 1
Hi
Hello 2
```

程序 hs. f 的可执行文件 ttt 的运行结果给出了一个典型串行程序的执行过程，如图2-4所示。线程从开始执行到执行结束，始终只有一个线程在运行。开始输出了一行"Hello 1"，接着输出一行"Hi"，最后输出一行"Hello 2"。

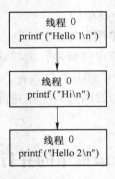

图 2-4　线程执行程序 hs. f 的过程

利用 OpenMP 重写上述程序，可得如下简单的并行程序。

```
/ *  File:hh. cpp  * /
/ *  program:hello_hi  * /
#include <omp. h>
#include<stdio. h>
int main( )
{
    printf( "Hello 1\n" );

    #pragma omp parallel
    {
        printf( "Hi\n" );
    }
```

```
        printf("Hello 2\n");
        return 0;
}
```

在源程序所在目录，对源程序 hh.cpp 执行如下 OpenMP 编译命令：

```
g++ -fopenmp -o ttt hh.cpp
```

或

```
icpc -qopenmp -o ttt hh.cpp
```

生成可执行并行文件 ttt 后，执行并行文件 ttt：

```
./ttt
```

可执行文件 ttt 的运行结果如下：

```
Hello 1
Hi
Hi
Hi
Hi
Hi
Hi
Hi
Hi
Hello 2
```

程序 hh.f 的可执行文件 ttt 的运行结果给出了一个典型的 OpenMP 程序的执行过程，如图 2-5 所示。从程序和输出结果可以看出，上述程序具有如下特点：

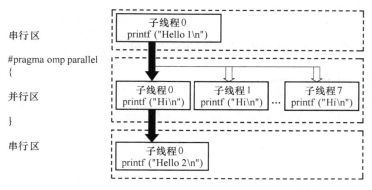

图 2-5　线程执行程序 hh.f 的过程

（1）在程序开头，#include<omp.h>是对 OpenMP 库函数的声明，这样在程序中不需要重新定义其数据类型。

（2）当程序开始执行时，只有主线程（线程 0）存在，主线程执行程序的串行区工作，即打印"Hello 1"。

（3）遇到并行区域的结构指令（#pragma omp parallel 语句）后，主线程派生出（创建或者唤醒）其他线程（子线程）来执行任务，即子线程 0 和其他子线程（线程号为 1 至 7）组成的线程组共同打印"Hi"。由于没有显式地设置可使用的线程总数，所以默认线程总数为系统能够提供的 CPU 总核数。而程序运行的硬件环境为两颗 4 核处理器，共 8 个处理器核心，因此可提供 8 个线程同时运行。这样，一共将"Hi"打印了 8 遍。

（4）在并行区域的结束位置后，派生的子线程进行缩并（退出或挂起），不再工作。最终只剩下主线程继续执行串行区工作，即打印"Hello 2"。

需要注意的是，只有出现了独立语句#pragma omp parallel，程序才会体现出"多线程"。如果编译器不支持 OpenMP，该语句不会报错，仅会当作注释语句而被忽略从而维持串行模式（单线程的执行模式）。这样编程人员可以在串行程序和并行程序之间方便地进行切换，而不会增加编程人员的工作量。

下面是采用 OpenMP 实现的一个标准并行程序。

```cpp
/*  File:hp. cpp    */
/*  program:hello_parallel    */
#include<stdio. h>
#include<omp. h>
int main( )
{
    int tid,mcpu;

    tid = omp_get_thread_num( );
    mcpu = omp_get_num_threads( );
    printf("Hello from thread %d in %d CPUs\n",tid,mcpu);
    printf("------before parallel\n");
    printf("\n");
    printf("------during parallel\n");

    #pragma omp parallel num_threads(3)    private(tid,mcpu)
    {
        tid = omp_get_thread_num( );
        mcpu = omp_get_num_threads( );
        printf("Hello from thread %d in %d CPUs\n",tid,mcpu);
    }

    printf("\n");
    printf("------after parallel\n");
    printf("Hello from thread %d in %d CPUs\n",tid,mcpu);
    return 0;
}
```

上述代码运行后，结果如下：

```
Hello from thread 0 in 1 CPUs
------before parallel


------during parallel
Hello from thread 0 in 3 CPUs
Hello from thread 1 in 3 CPUs
Hello from thread 2 in 3 CPUs


------after parallel
Hello from thread 0 in 1 CPUs
```

从程序和输出结果可以看出，上述程序具有如下特点：

（1）并行程序 hp. f 被#pragma omp parallel｛｝分割为并行前的串行程序段、并行程序段和并行后的串行程序段三大部分。

（2）在遇到指令 parallel(#pragma omp parallel) 之前，程序处于串行区。串行区代码仅由一个线程（即主线程，此线程的编号为0）控制，所以实际使用的线程数为1，程序的运行结果为：

```
Hello from thread 0 in 1 CPUs
------before parallel


------during parallel
```

（3）在并行区域前的串行程序段中，比较陌生的地方是如下函数的调用：

```
call omp_set_num_threads( 3 )
tid = omp_get_thread_num( )
mcpu = omp_get_num_threads( )
```

其中，库函数 omp_set_num_threads( ) 没有返回值，其作用是设置在并行区域内允许使用的线程总数；库函数 omp_get_thread_num( ) 的返回值为整数类型，此返回值给出当前线程的线程号；库函数 omp_get_num_threads( ) 的返回值为整数类型，此返回值给出执行并行块所使用的线程总数。

需要指出的是，线程总数不要大于处理器数量与每个处理器所包含的核心数目的乘积。由于测试用服务器为两颗四核处理器，可以允许八个处理器核同时执行，故子线程的总数不应大于8，在本例中，设置在并行区域内允许使用的线程组内线程总数为3。

（4）当遇到一个 parallel 指令（#pragma omp parallel）之后，程序进入并行区域。在并行区域内，主线程派生了另外的 2 个线程，这样当前线程总数达到库函数 omp_set_num_threads( ) 所定义的 3 个线程。主线程也属于这个线程组，并在线程组内的线程号为0，线程组中的其他子线程分别为 1, 2。这 3 个线程分别执行了打印语句，输出了各自的子线程号。

```
------during parallel
Hello from thread    0 in    3 CPUs
------during parallel
Hello from thread    2 in    3 CPUs
------during parallel
Hello from thread    1 in    3 CPUs
```

需要指出的是，子线程的产生和执行并不是按 0、1、2、3、4……这样的顺序，而是具有随机性。

（5）各子线程表征其线程号的变量名均为 tid，但是各子线程拥有的线程号却不相同。因此采用 default（none）子句声明线程中使用的变量必须显式地指定是共享变量还是私有变量，然后采用 private 子句指定变量 tid 和 mcpu 为私有变量。这样，各子线程拥有的私有变量 tid 才不会互相影响。而各子线程通过调用函数 omp_get_num_threads 获得当前线程组的线程数目。虽然各线程获得的 mcpu 的值是相同的，但是各线程均会对变量 mcpu 进行写操作。为了避免数据竞争的产生，这里也将 mcpu 定义为私有变量。

需要指出的是，在利用 OpenMP 进行并行编程时，用户通过派生和运行多个线程来并行执行任务。通常情况下，一个 CPU 只执行一个线程。换言之，线程和 CPU 是一一对应关系。因此，在以后的程序说明中，不再将线程与 CPU 严格区分开来。

2.6　小　结

本章简要介绍了 OpenMP 的五大结构类型，指出了 OpenMP 应用程序的三大组成部分，给出了 OpenMP 的语法格式；根据 OpenMP 的特点，着重介绍了 OpenMP 编程的主要特点，最后通过例子说明并行与串行的区别。

练 习 题

2.1　简述 OpenMP 并行执行模式的特点。

2.2　简述 OpenMP 存在的结构类型及其实现的功能。

2.3　简述 OpenMP 编程格式特点。

2.4　OpenMP 的标识符有哪几种写法？

2.5　请指出 OpenMP 常用指令及其功能。

2.6　请指出 OpenMP 常用子句及其功能。

2.7　试编写并编译执行一个 OpenMP 并行程序实现如下文字的输出：

```
Hello,OpenMP!
Hello,OpenMP!
I'm coming.
We will become friends.
We will become friends.
We will become friends.
```

3 数据环境

OpenMP 程序的一个重要特征是内存空间共享，即多个线程通过任意使用这个共享空间上的变量而完成线程间的数据传递，因此线程间的数据通信非常方便。具体而言，一个线程 A 可以通过写操作改变一个变量的值，而另一个线程 B 通过读操作可以得到此变量的值，从而完成了线程 A 和线程 B 之间的通信。共享（shared）变量和私有（private）变量是 OpenMP 中最重要的两个概念。而在编程过程中，还会遇到全局变量（或外部变量）和局部变量（或自动变量）。全局变量需要用文件范围内的变量和 static 变量定义，它的作用域是整个源程序。除全局变量以外的所有变量均为局部变量。局部变量可以在主程序和函数中存在，且只是从声明它们的地方到函数的末尾有效。当函数返回时，系统将释放局部变量占用的内存。当函数需要使用主程序的局部变量的值时，可以通过函数的哑元表（或形式参数表）进行哑实结合实现数据传递。

图 3-1 表明，对于局部变量而言，将其定义为私有变量可能用到的子句有 private、firstprivate 和 lastprivate，将其定义为共享变量可能用到的子句有 shared 和 copyprivate。对于全局变量而言，将其定义为私有变量可能用到的子句有 threadprivate 和 copyin 子句；将其定义为共享变量可能用到的子句有 shared 和 copyprivate。

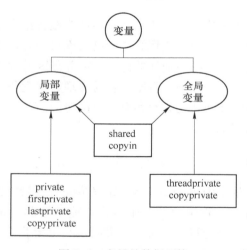

图 3-1 变量的数据环境

3.1 子句 private、子句 shared 和子句 default

图 3-2 给出了共享变量和私有变量的本质区别。共享变量是所有线程共同拥有的变量，即所有线程均可对共享变量进行读和写操作。而私有变量是个别线程所拥有的变量，即私有变量仅能被其所拥有线程进行读和写操作，而对其他线程是不可见的。

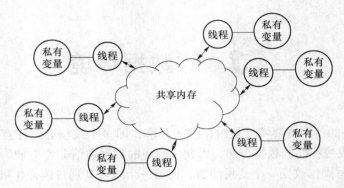

图 3-2 线程与共享变量和私有变量的关系

子句 private 可以将变量列表中一个或多个变量声明为线程组中子线程的私有变量，然后指定每个线程都有这些变量的私有副本。在并行区域内，每个线程只能访问自己的私有副本，无法访问其他线程的私有副本。

子句 private 的语法格式如下：

private（变量列表）

对出现在变量列表中的变量，子句 private 将其定义成私有变量后，将在并行区域的开始处为线程组的每个线程产生一个该变量的私有副本。需要注意的是，子句 private 声明的私有变量的初始值在并行区域的入口处是未定义的，它不会继承并行区域外同名原始变量的值。

子句 shared 可将变量列表中一个或多个变量声明为线程组中子线程共享的变量。所谓的共享变量，是指在一个并行区域的线程组内所有线程只拥有该变量的一个内存地址，所有线程对共享变量的访问即是对同一地址的访问。在并行区域内使用共享变量时，如果存在写操作，必须对共享变量加以保护，否则就容易出现数据竞争。因此不要轻易使用共享变量，尽量将对共享变量的访问转化为对私有变量的访问。

子句 shared 的语法格式如下：

shared（变量列表）

对出现在变量列表中的变量，子句 shared 将其定义成公有变量，这样，此变量只能存在于内存区域的一个固定位置。线程组中的各个线程均能访问此变量，并进行读写操作。但是，编程人员在对共享变量进行写操作时，可采用 critical 等指令来避免数据竞争的出现。

一个 parallel 指令只能被一个 default 子句修饰。子句 default 用来控制并行区域内变量的共享属性。如果不加以说明，那么并行区域内变量都是默认公有的。但是，存在三个例外情况：

（1）循环指标变量默认是私有变量，无需自己另外声明。

（2）并行区域内的局部变量是私用变量，无需自己另外声明。

（3）所有在 private、firstprivate、lastprivate 和 reduction 子句中列出的变量是私有的。

子句 default 的语法格式如下：

default(shared | none)

其中，C/C++ OpenMP 规范并不包含 private 或者 firstprivate 作为可能的 default。然而，在实际实现时可能会提供此选项。如果使用 default（shared），那么传入并行区域内的同名变量均是共享变量，各线程不会产生变量的私有副本；如果使用 default（private），那么传入并行区域内的同名变量均是私有变量，而不是共享变量，由各子线程产生各自的私有变量副本；如果使用 default（none），那么除了具有明确定义的变量以外，线程所使用的变量必须显式地进行声明它是私有变量还是共享变量。使用子句 private、shared、firstprivate、lastprivate 和 reduction 指定的变量不受子句 default 的影响。

因为串行区内只有主线程（主线程通常是线程 0）存在，所以在并行区域外的同名原始变量，只能被主线程访问。并行区域内的共享变量实质上是对并行区域外的同名原始变量的引用，可以被所有的线程访问；并行区域内的私有变量则由每个线程各自创建，是在并行区域外的同名原始变量的一个私有副本。这样，并行区域内各线程对私有变量的访问实际上是对自己的私有变量副本的操作，从而不会引起数据竞争现象。而并行区域内各线程对共享变量的访问，则会出现两种情况。如果各线程对共享变量是读操作，不会改变内存中共享变量的值，就不会出现数据竞争现象；如果各线程对共享变量进行操作，并且有一个操作为写操作的时候，由于各线程对内存中共享变量的值的改变各不相同，所以读出的数据不一定就是前一次写操作的数据，而写入的数据也可能不是程序所需要的。这就出现了数据竞争现象。

子句 private 和子句 shared 的用法如下例所示。

```
/* File:ps. cpp   */
/* program:private_shared   */
#include<stdio. h>
#include<math. h>
#include<omp. h>
int main( )
{
    int a,b,c,tid;

    omp_set_num_threads(4);

    a=-1,b=-2,c=-3;
    tid=omp_get_thread_num( );
    printf( "a=%d,b=%d,c=%d,id=%d\n",a,b,c,tid);
    printf( "------before parallel\n");
    printf( "\n");
    printf( "------during parallel\n");

    #pragma omp parallel private(a,b,tid)shared(c)
    {
```

```
        int d=-4;

        tid=omp_get_thread_num();
        printf("a=%d,b=%d,c=%d,d=%d,id= %d\n",a,b,c,d,tid);

        b=10+tid;
        c=c+int(pow(10,tid));
        d=d+int(pow(10,tid));
        printf("a=%d,b=%d,c=%d,d=%d,id=%d changed\n",a,b,c,d,tid);
    }

    printf("\n");
    tid=omp_get_thread_num();
    printf("------after parallel\n");
    printf("a=%d,b=%d,c=%d,id=%d\n",a,b,c,tid);
    return 0;
}
```

上述代码运行后，结果如下：

```
a=-1,b=-2,c=-3,id=0
------before parallel


------during parallel
a=0,b=0,c=-3,d=-4,id= 2
a=0,b=0,c=-3,d=-4,id= 1
a=0,b=11,c=107,d=6,id=1 changed
a=0,b=12,c=97,d=96,id=2 changed
a=0,b=0,c=-3,d=-4,id= 0
a=0,b=10,c=108,d=-3,id=0 changed
a=0,b=0,c=107,d=-4,id= 3
a=0,b=13,c=1108,d=996,id=3 changed


------after parallel
a=-1,b=-2,c=1108,id=0
```

从程序和输出结果可以看出，上述程序具有如下特点：

（1）在串行区内，主线程是子线程0。整型变量a、b和c在并行区域外被初始化，其值分别为-1、-2和-3。

（2）函数 omp_set_num_threads(4) 用于在并行区内定义线程组内线程的数量为4；函数 omp_get_thread_num() 用于获得正在运行线程的编号。

（3）在并行区域内，通过 private(a，b，tid) 子句将变量a、b和tid显式地声明为私有变量，通过 default(shared) 子句将其余的变量（变量c）隐式地声明为共享变量，局部变量（或称自动变量）d 被隐式地声明为私有变量，如图 3-3 所示。因此，各线程（子线程 1、2 和 3）建立变量 a、b 和 d 的私有副本，并将其赋初始值为零（注意，私有变量赋零初值仅限于部分编译器）。

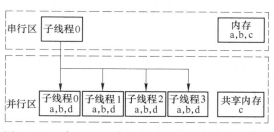

图 3-3　程序 ps.cpp 中私有变量和共享变量示意图

（4）在并行区域内各线程的私有变量 a 的零初值（a=0）并不等于并行区域外同名原始变量 a 的值（a=−1）；在并行结束后串行区内同名变量 a 的值重新继承了进入并行区域前的同名原始变量 a 的初始值（a=−1），如图 3-4 所示。

（5）首先，在并行区域内子线程对各自的私有变量 b 进行赋初值为零（b=0）。接着，这些子线程在对各自的私有变量 b 进行写操作时，线程 0、1、2 和 3 的私有变量 b 的值分别为 10、11、12 和 13。这表明：子线程所拥有的同名变量 b 的副本互不影响。最后，在并行结束处，子线程的私有变量 b 在并行区域内的值并不能传递到并行区域外，并行区域外同名变量 b 的值重新继承了进入并行区域前的同名的原始变量 b 的初始值（b=−2），此时串行区内运行的线程为线程 0，如图 3-4 所示。

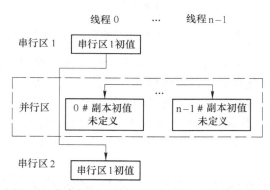

图 3-4　在串行区和并行区之间私有变量值的传递

（6）变量 c 是共享变量，因此各线程并不需要创建各自的副本，而是在使用过程中直接改变同一个内存地址所对应的变量值。在程序开始时串行区内整型变量 c 的初始值 c=−3 传入到并行区域内。首先运行的线程是子线程 2，此时共享变量 c 的初始值为 c=−3；接着，子线程 2 对共享变量 c 进行赋值 $-3+10^2$，导致 c=97。第二个运行的是子线程 1。由于子线程 2 和子线程 1 中的变量 c 均指向同一内存地址，因此子线程 1 中变量 c 的初始值继承了子线程 2 对变量 c 的改变（c=97）；接着，子线程 1 对共享变量 c 重新赋值 $97+10^1$，导致 c=107。第三个运行的是子线程 0。子线程 0 对共享变量 c 重新赋值 $107+10^0$，导致 c=108。最后运行的是子线程 3，子线程 1 对共享变量 c 重新赋值 $108+10^3$，导致 c=1108。

子线程 0、1、2 和 3 中的共享变量 c 均是对同名的原始变量 c 的引用，各子线程中共享变量 c 的初始值 "仿佛" 均为串行区结束时变量 c 的值（c=−3）。这是因为各子线程首先分别对共享变量 c 进行了读操作；接着子线程对共享变量 c 执行写操作的次序是 2、0、1 和 3。最后打印输出共享变量 c 改变值的次序为 0、2、1 和 3。

当并行区域结束以后，变量 c 的值等于最后运行的子线程 2 对共享变量 c 改变后的值（c=11），如图 3-5 所示。

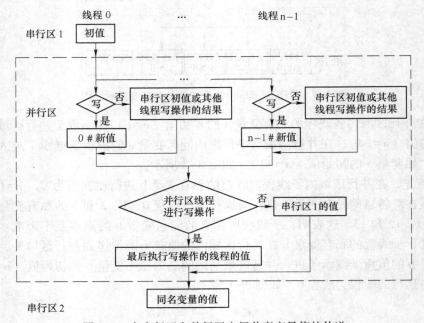

图 3-5   在串行区和并行区之间共享变量值的传递

（7）在并行区域内定义的局部变量 d（非堆分配）是私有变量，出并行区后失效。首先，线程 0，1，2 和 3 对变量 d 进行了读操作，因此各子线程中 d 的初值均为−4。接着，子线程 1、2、0 和 3 分别对私有变量进行了如下写操作：$-4+10^1$、$-4+10^2$、$-4+10^0$、$-4+10^3$，因此，子线程 1、2、0 和 3 中私有变量 d 的值分别为 6、96、−3 和 996。

图 3-4 和图 3-5 描述了私有变量和共享变量的值在串行区和并行区之间的传递。需要强调的有以下几点：

（1）在并行区域内对各线程的私有变量是否初始化取决于所使用的编译器。换言之，部分编译器并不对各线程的私有变量进行初始化操作；而部分编译器对各线程的私有变量进行初始化仅是意味着将这些私有变量取零值，而与串行区内同名原始变量的值无关。

（2）对于共享变量，多个子线程均指向同一内存地址，这样，各子线程均能改变共享变量的值。实际上，无论程序是在串行区内执行，还是在并行区内执行，共享变量在内存空间的位置一直保持不变。换言之，并行区内各线程的共享变量和串行区的同名原始变量的内存地址相同。但在程序实际运行过程中，子线程的运行次序在多数情况下是随机的，这样会导致程序运行结束后共享变量的结果无法预测。这就是 "数据竞争" 问题出现的原因。

（3）并行区内各线程私有变量副本的地址和串行区同名原始变量的地址各不相同，因此，它们的值可以不一致而且通常互相不可见。

（4）区分哪些变量是共享变量，还是私有变量，是 OpenMP 编程的基础。在并行区域内定义的变量（非堆分配）是私有变量；没有特别用子句指定的，在并行区域前定义的变量是共享的；在堆（用 new 或 malloc 函数分配的）上分配的变量是共享的，但是指向这块堆内存的指针可能是私有的；在指令 for 作用下的循环指标变量是私有变量。

3.2　子句 firstprivate 和子句 lastprivate

子句 private、子句 firstprivate 和子句 lastprivate 都是可以用于声明并行区域内私有变量的子句。其中，子句 private 表明在并行区域内，线程组内每一个线程都会产生一个并行区域外同名原始变量的私有副本，且和并行区域外同名原始变量没有任何关联。即子句 private 声明的私有变量无法继承并行区域外同名原始变量的值。但在实际过程中往往需要继承并行区域外同名原始变量的值，这时可以通过子句 firstprivate 来实现。

子句 firstprivate 的语法格式如下：

firstprivate（变量列表）

对于变量列表中的变量，子句 firstprivate 将其变量属性定义为私有变量；并在进入并行区域时（或者在每个线程创建私有变量副本变量时），此子句会将每个线程的私有变量副本的值初始化为进入并行区域前串行区内同名的原始变量的值，如图 3-6 所示。

在并行区域内，当完成对子线程私有变量的计算后，有时需要将它的值传递给并行区域外同名的原始变量。而子句 private 和子句 firstprivate 均无法实现这一目的。因此，OpenMP 提供了子句 lastprivate 来实现此功能。

子句 lastprivate 的语法格式如下：

lastprivate（变量列表）

由于在并行区域内有多个线程并行执行，那么将哪个线程的最终结果复制并传递给并行区域外同名的原始变量是一个关键问题。OpenMP 规范指出：如果是 for 循环，则在退出并行区域后会将执行最后一次迭代的子线程的私有变量的值带出并行区域并赋给并行区域外的同名的原始变量；如果是 sections 指令，则将执行最后一个 section 子句的子线程的私有变量的值赋给并行区域外的同名的原始变量，从而实现在并行区域和串行区间同名变量数据的传输。需要指出的是，循环 for 的最后一次迭代和最后一个 section 子句是指程序语法的最后一个，而不是指实际执行过程中最后一个执行完毕的线程，如图 3-6 所示。

另外，子句 private 不能和子句 firstprivate（或子句 lastprivate）混用于同一个变量。这是因为 firstprivate 子句（或 lastprivate 子句）不仅包含了 private 子句的功能，而且还在进入并行区域后对私有变量进行初始化（或在退出并行区域后将私有变量的值带出并行区域并复制给外部的同名变量）。但是，firstprivate 子句和 lastprivate 子句可以对同一变量使用，效果为两者的结合。

现将 firstprivate 子句和 lastprivate 子句的用法举例如下。

```
/ *  File:fl. cpp   * /
/ *  program:firstprivate_lastprivated   * /
#include<stdio. h>
#include<omp. h>
int main( )
{
    int tid,i,j,a[4],b[4];

    omp_set_num_threads(3);
    for(i=0;i<4;i++)
    {
        a[i]=-10;
        b[i]=-10;
    }

    tid=omp_get_thread_num();
    for(i=0;i<4;i++)
        printf("a[%d]=%d   ",i,a[i]);
    printf(" thread %d\n",tid);

    for(j=0;j<4;j++)
        printf("b[%d]=%d    ",j,b[j]);
    printf(" thread %d\n",tid);

    printf("------before parallel\n\n");

    printf("------during parallel\n");
    #pragma omp parallel for private(i,j,tid),firstprivate(a,b),lastprivate(b)
    for(i=0;i<4;i++)
    {
        tid=omp_get_thread_num();
        printf("a[%d]=%d   b[%d]=%d   thread %d\n",i,a[i],i,b[i],tid);

        a[i]=(i+1)*3+tid;
        b[i]=(i+1)*7+tid;
        printf("a[%d]=%d   b[%d]=%d   thread %d   changed\n",i,a[i],i,b[i],tid);
    }

    printf("\n");
    tid=omp_get_thread_num();
    printf("------after parallel\n");
    for(i=0;i<4;i++)
```

```
        printf("a[%d]=%d    ",i,a[i]);
        printf(" thread %d\n",tid);
        for(j=0;j<4;j++)
            printf("b[%d]=%d    ",j,b[j]);
        printf(" thread %d\n",tid);
        return 0;
    }
```

上述代码运行后，结果如下：

```
a[0]=-10    a[1]=-10    a[2]=-10    a[3]=-10    thread 0
b[0]=-10    b[1]=-10    b[2]=-10    b[3]=-10    thread 0
------before parallel


------during parallel
a[0]=-10  b[0]=-10  thread 0
a[0]=3  b[0]=7  thread 0  changed
a[1]=-10  b[1]=-10  thread 0
a[1]=6  b[1]=14  thread 0  changed
a[3]=-10  b[3]=-10  thread 2
a[3]=14  b[3]=30  thread 2  changed
a[2]=-10  b[2]=-10  thread 1
a[2]=10  b[2]=22  thread 1  changed


------after parallel
a[0]=-10    a[1]=-10    a[2]=-10    a[3]=-10    thread 0
b[0]=-10    b[1]=-10    b[2]=-10    b[3]=30    thread 0
```

在程序中，数组 a 仅采用 firstprivate 子句进行了私有变量声明，因此数组 a 在进入并行区域前初始化为串行区同名原始变量的值，但在退出并行区域后不能将此私有变量的值传递给串行区的同名原始变量；数组 b 则被 firstprivate 和 lastprivate 同时进行声明，因此变量 b 在进入并行区域前初始化为串行区同名原始变量的值，并且退出并行区域后将最后一次迭代的子线程 2 的变量 b 的私有副本传递给串行区的同名原始变量。

从程序和输出结果可以看出，上述程序具有如下特点：

（1）数组 a 和 b 均采用 firstprivate 子句进行了私有变量声明，因此在并行区域内的数组 a 和 b 在进入并行区域前初始化为串行区同名原始变量的值 a[ ]=b[ ]=-10，如图 3-6 所示。

（2）在循环 for 前的复合指令 parallel for 将循环任务分为 3 部分：子线程 0 执行 i=0，1，子线程 1 执行 i=2，子线程 2 执行 i=3。

（3）在并行区域内，子线程 0 的私有变量（数组 a 和 b）在数组指标 i=0，1 处发生了改变（a[0]=3，b[0])=7；a[1]=6，b[1]=14）；子线程 1 的私有变量（数组 a 和 b）只改变了数组指标 i=2 时的值（a[2]=10，b[2]=22）；子线程 2 的私有变量（数组 a

和 b) 只改变了数组指标 i = 3 时对应的值（a[3] = 14，b[3] = 30 ）。

（4）数组 b 采用 lastprivate 进行声明，而数组 a 则没有采用 lastprivate 进行声明。因此，在退出并行区域后，串行区内的同名原始变量 a 的值并不等于并行区内各线程的数组 a 的副本，而是等于进入并行区域前串行区同名原始数组 a 的值 a = −10；执行最后一次循环 i = 3 的子线程 2 的数组 b 私有副本赋给串行区的同名原始变量（b[0] = b[1] = b[2] = − 10，b[3] = 30），如图 3−6 所示。

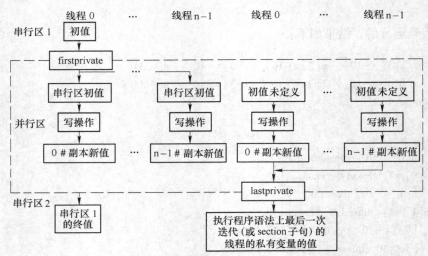

图 3−6　在串行区和并行区之间私有变量值的传入和传出

3.3　指令 threadprivate

根据变量的生存期可以将变量分为全局变量和局部变量。对于全局变量，可采用指令 threadprivate 将此全局变量定义为私有变量，即各个线程拥有各自私有的全局变量。

指令 threadprivate 的用法与子句 private 很类似，因此可将其视为子句。其语法格式如下：

#pragma omp threadprivate（变量列表）

其中，变量列表中的变量必须为全局变量。因此，在使用这个指令前，变量列表中的变量要事先声明为全局变量。需要指出的是，子句 private 将局部变量指定为私有变量后，此变量在退出并行区域后就失效；而指令 threadprivate 将全局变量指定为私有变量后，此变量可以在前后多个并行区域之间保持连续性；并且当一个线程对自己拥有的全局变量副本进行写操作时，其他线程则是不可见的。表 3−1 给出了子句 private 和指令 threadprivate 的具体区别和联系。

表 3−1　子句 **private** 和指令 **threadprivate** 的区别和联系

项　目	子句 private	指令 threadprivate
数据类型	局部变量	全局变量

续表 3-1

项　目	子句 private	指令 threadprivate
作用范围	并行区域	整个程序。其拷贝的副本变量也是全局的，即在相邻的并行区域和串行区域的同一个线程中的全局变量是相同的
声明位置	在区域或者工作共享组的开头	在全局文件作用域的程序声明里
关联性	并行区域内的各子线程私有变量的副本与和并行区域外同名原始变量没有关联	并行区域内子线程 0 的全局变量的副本继承了并行区域外同名原始变量的值，而其他子线程的全局变量的副本则与并行区域外同名原始变量没有关联
持久性	否	是
进入并行区域，继承串行区域同名原始变量的值	子句 firstprivate	子句 copyin
退出并行区域，赋值给并行区域外同名原始变量的值	子句 lastprivate	并行区域内子线程 0 所拥有的全局变量的副本
线程间私有变量的通信	子句 copyprivate	子句 copyprivate

指令 threadprivate 用于指定文件范围的全局变量成为线程在多个并行块之间执行的本地变量或持久变量。简单的理解，对于一些全局变量，可以用此指令指定全局变量，使得每一个线程都能有此全局变量的独立的拷贝，并且互相不影响。其实，可以理解为多线程中的"线程本地存储"。

图 3-7 给出了指令 threadprivate 定义的全局私有变量在串行区和并行区之间值的传递过程。利用这一特性，可以给各个子线程建立一个私有的计数器。每个线程可使用同一个函数来实现自己的计数。相应程序代码如下：

```
int counter = 0;
#pragma omp threadprivate( counter )
int increment_counter( )
{
    counter++;
    return( counter );
}
```

对于静态（static）变量，同样可以使用指令 threadprivate 将其声明为各线程的私有变量，这里不再赘述。但是，需要强调的是：

（1）在第一次进入并行区域的时候，除非在 parallel 指令后指定了 copyin 子句，否则指令 threadprivate 定义的私有变量的初值是未定义的。

（2）在使用指令 threadprivate 的时候，各个并行块的线程数量必须保持不变，因此只有关闭动态线程的属性，才能保证结果正确。指令 threadprivate 所指定的全局变量被OpenMP 所有的线程各自产生一个私有的拷贝，即各个线程都有自己私有的全局变量，如

图 3-7 所示。

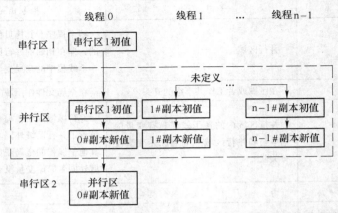

图 3-7   在串行区和并行区之间全局私有变量值的传递

（3）指令 threadprivate 作用的区域大于子句 private 作用的区域。由指令 threadprivate 指定的全局变量并不是针对某一个并行区域，而是作用于整个程序，所以，其拷贝的副本变量也是全局的，即在不同的并行区域之间的同一个线程也是共享的。而子句 private 声明的变量仅在当前并行区域内有效。

（4）变量必须首先声明为全局变量，然后才能用指令 threadprivate 将其指定为全局私有变量。

（5）对于出现在指令 threadprivate 的变量列表中的类（class）类型变量，如果其定义时带有外部初始化，则必须具有明确的拷贝构造函数。

现将指令 threadprivate 的用法举例如下。

```
/ *  File:tc. cpp    * /
/ *  program:thereadprivate_common    * /
#include<stdio. h>
#include<omp. h>
int x,y;
#pragma omp threadprivate(x)
int main( )
{
    int tid,a;

    omp_set_num_threads(4);
    tid = omp_get_thread_num( );
    a = -1;
    x = -1;
    y = -1;

    printf(" * * * * * * 1st serial region\n");
```

```
    printf("a=%d,x=%d,y=%d,id=%d\n",a,x,y,tid);
    printf("\n");
    printf("---1st parallel region---\n");

#pragma omp parallel private(a,tid)
{
    tid=omp_get_thread_num();
    printf("a=%d,x=%d,y=%d,id=%d\n",a,x,y,tid);
    a=a+tid+10;
    x=x+tid+10;
    y=y+tid+10;
    printf("a=%d,x=%d,y=%d,id=%d changed\n",a,x,y,tid);
}


    tid=omp_get_thread_num();
    printf("\n");
    printf("******2st serial region\n");
    printf("a=%d,x=%d,y=%d,id=%d\n",a,x,y,tid);
    a=a+tid+10;
    x=x+tid+10;
    y=y+tid+10;
    printf("a=%d,x=%d,y=%d,id=%d changed\n",a,x,y,tid);
    printf("\n");
    printf("---2st parallel region---\n");

#pragma omp parallel private(tid)
{
    tid=omp_get_thread_num();
    printf("a=%d,x=%d,y=%d,id=%d\n",a,x,y,tid);
    a=a+tid+10;
    x=x+tid+10;
    y=y+tid+10;
    printf("a=%d,x=%d,y=%d,id=%d changed\n",a,x,y,tid);
    printf("\n");
}
    printf("******3st serial region\n");
    printf("a=%d,x=%d,y=%d,id=%d\n",a,x,y,tid);
    return 0;

}
```

上述代码运行后，结果如下：

```
******1st serial region
a=-1,x=-1,y=-1,id=0


---1st parallel region---
a=0,x=-1,y=-1,id=0
a=10,x=9,y=9,id=0 changed
a=0,x=0,y=-1,id=2
a=12,x=12,y=11,id=2 changed
a=0,x=0,y=9,id=3
a=13,x=13,y=22,id=3 changed
a=0,x=0,y=-1,id=1
a=11,x=11,y=10,id=1 changed


******2st serial region
a=-1,x=9,y=10,id=0
a=9,x=19,y=20,id=0 changed

---2st parallel region---
a=9,x=19,y=20,id=0
a=19,x=29,y=30,id=0 changed

a=9,x=12,y=20,id=2
a=31,x=24,y=32,id=2 changed

a=9,x=11,y=20,id=1
a=42,x=22,y=31,id=1 changed

a=9,x=13,y=20,id=3
a=55,x=26,y=33,id=3 changed


******3st serial region
a=55,x=29,y=33,id=0
```

在程序中，变量 x 和 y 为全局变量，变量 a 为局部变量，并采用子句 threadprivate 将全局变量 x 定义为全局私有变量，对全局变量 y 没有进行显式声明，则变量 y 为全局共享变量 y。从程序和输出结果可以看出，上述程序具有如下特点：

（1）开始的串行区域由主线程（子线程 0）执行，变量 a、x 和 y 的取值均为-1。

（2）进入第一个并行区域后，对局部变量 a 进行了显式私有变量声明。在第一次进入并行区域时，指令 threadprivate 定义的全局私有变量 x 和子句 private 声明的局部私有变量 a 均处于未定义状态；对于全局变量 y 没有显式声明，则默认 y 为共享变量。

对于局部私有变量 a，各子线程中的副本初值为 0（是否给私有变量赋初值 0 取决于编译器），与串行区内同名原始变量 a 的值无关；执行写操作后，不同线程中私有变量 a 的值可以各不相同。

对于全局私有变量 x，子线程 0 中 x 的初值为第一个串行区 x 的值 x=-1；其余子线程中 x 的副本初值被赋初值 0（是否给私有变量赋初值 0 取决于编译器），与串行区内同名全局变量 x 的值无关；执行写操作后，不同线程中私有变量 x 的值各不相同。

对于全局共享变量 y，如果各线程均要进行写操作，就会发生数据竞争现象。子线程 0、1 和 2 在其他进程执行写操作前先进行了读操作，因此线程 0、1 和 2 所读取的 y 的初值为串行区 y 的值 y=-1；子线程 3 是在子线程 0 执行了写操作后才进行了读操作，因此子线程 3 所读取的 y 的初值为子线程 0 写操作的值 y=9；最后，子线程 3 进行了写操作，y 的值为 9+3+10=22。

（3）当退出第一个并行区域进入第二个串行区域时，第一个并行区域内各子线程的局部变量 a 的私有副本均被废弃，第二个串行区域内局部变量 a 的值重新继承了第一个串行区域内局部变量 a 的值（a=-1）。

由于第二个串行区域内的代码继续由主线程（0 线程）执行，因此第二个串行区域内全局变量 x 的值等于第一个并行区域内子线程 0 中全局变量 x 的私有副本的值 x=9。

由于在第一个并行区内变量 y 为全局共享变量，因此第二个串行区域内主线程 0 的初值等于在第一个并行区内最后一个执行写操作的子线程 1 中变量 y 的值 y=10。

（4）当进入第二个并行区域时，对变量 a 和 y 没有显式声明，因此变量 a 为局部共享变量，变量 y 为全局共享变量，而变量 x 依然为全局私有变量。

对于局部共享变量 a，由于各线程均要进行写操作，因此发生了数据竞争现象。从表面上看各线程所读取的变量 a 的初值均为第二个串行区内 a 的最终值，这是因为各线程进行读操作前，其他线程尚未进行写操作。这种现象是随机的，各线程中 a 的初值具有不确定性。同时，各线程均对局部共享变量 a 进行写操作，因此局部共享变量 a 的最终值取决于最后执行写操作的子线程 3（也可能是别的线程）的值 a=55。

对于全局私有变量 x，除子线程 0 继承了第二个串行区内主线程 0 的最终值 x=19 外，其余子线程中变量 x 的初值分别继承了第一个并行区域内相应子线程中变量 x 的最终值；在执行完写操作后，各线程中变量 x 的值互不相同。

对于全局共享变量 y，由于各线程均要进行写操作，因此发生了数据竞争现象。从表面上看各线程所读取的变量 y 的初值为第二个串行区内 y 的最终值，这是因为各线程进行读操作前，其他线程尚未进行写操作。这种现象是随机的，各线程中 y 的初值具有不确定性。同时，各线程均对全局共享变量 y 进行写给操作，因此全局共享变量 y 的最终值取决于最后执行写操作的子线程 3（也可能是别的线程）的值 y=33。

（5）当退出第二个并行区域进入第三个串行区域后，局部变量 a 的值继承了第二个并行区域内最后执行写操作的子线程 0 中变量 a 的值（a=55）；而全局变量 x 的值则继承了第二个并行区域内子线程 0 的全局变量副本 x=29。而全局变量 y 的值则继承了第二个并行区域内最后执行写操作的子线程 3 的全局变量 y 的值（y=54）。

需要注意的是，部分 OpenMP 编译器对未声明的变量定义为共享变量，而部分则将这些变量定义为私有变量。因此，为了保证最终结果的正确性，建议在每个并行区域对涉及的变量均应进行私有变量和公有变量的声明。

3.4　子句 copyin 和子句 copyprivate

与子句 threadprivate 相对应的子句有子句 copyin 和子句 copyprivate。子句 copyin 是将主线程中 threadprivate 声明的全局变量的私有副本复制给并行区域内各个线程的相应全局变量的私有副本。这样，线程组中所有线程各自拥有的全局变量的私有副本具有相同的值，从而方便各线程访问主线程中的值。

子句 copyin 的语法格式如下：

copyin(变量列表)

而子句 copyprivate 则是将线程私有变量的副本的值从一个线程广播到本并行区域的其他线程的同名变量。子句 copyprivate 的语法格式如下：

copyprivate(变量列表)

需要注意的是，在所有线程离开该 single 结构的栅障（barrier）之前，子句 copyprivate 就已经完成广播操作。在实际使用中，子句 copyprivate 只能用于子句 private、子句 firstprivate 或子句 threadprivate 修饰的变量；但是当采用 single 指令时，copyprivate 子句中变量不能出现在 single 结构的子句 private 或者子句 firstprivate 中。

现将子句 copyin 和子句 copyprivate 的用法举例如下。

```
/*  File:cc. cpp   */
/*  program:copyin_copyprivate   */
#include<stdio. h>
#include<omp. h>
int x;
#pragma omp threadprivate(x)
int main()
{
    int tid,a;

    omp_set_num_threads(4);
    tid=omp_get_thread_num();
     a=-1;
     x=-2;
    printf(" * * * * * * 1st serial region\n");
    printf("a=%d,  x=%d,  id=%d\n",a,x,tid);
    printf(" \n");
    printf("---1st parallel region---\n");

    #pragma omp parallel firstprivate(a)private(tid)copyin(x)
    {
```

```
        tid=omp_get_thread_num();
        printf("a=%d,  x=%d,  id=%d\n",a,x,tid);
        a=a+tid+10;
        x=x+tid+100;
        printf("a=%d,  x=%d,  a&x  changed,  id=%d\n",a,x,tid);
        printf("\n");
    }


    tid=omp_get_thread_num();
    printf("* * * * * * 2nd serial region\n");
    printf("a=%d,  x=%d,  id=%d\n",a,x,tid);
    printf("\n");
    a=a+tid+10;
    x=x+tid+100;
    printf("a=%d,  x=%d,  a&x  changed,  id=%d\n",a,x,tid);
    printf("\n");
    printf("---2nd parallel region---");
    printf("\n");


#pragma omp parallel firstprivate(a)private(tid)
    {
        tid=omp_get_thread_num();
        printf("2nd parallel:a=%d,  x=%d,  id=%d\n",a,x,tid);
        printf("\n");

        #pragma omp single copyprivate(x,a)
        {
            printf("\n");
            printf("---2nd parallel region single block");
            printf("\n");
            tid=omp_get_thread_num();
            printf("a=%d,  x=%d,  id=%d\n",a,x,tid);
            a=a+tid+10;
            x=x+tid+100;
            printf("a=%d,  x=%d,  a&x  changed,  id=%d\n",a,x,tid);
            printf("\n");
        }
        printf("---2nd parallel region after single\n");
        tid=omp_get_thread_num();
        printf("a=%d,  x=%d,  id=%d\n",a,x,tid);
    }
```

```
        printf( " \n" ) ;
        printf( " * * * * * * 3rd serial region\n" ) ;
        printf( "a＝%d， x＝%d， id＝%d\n" ,a,x,tid） ;
        return 0；
}
```

上述代码运行后，结果如下：

```
 * * * * * * 1st serial region
a＝-1， x＝-2， id＝0

---1st parallel region---
a＝-1， x＝-2， id＝0
a＝9， x＝98， a&x changed， id＝0

a＝-1， x＝-2， id＝2
a＝11， x＝100， a&x changed， id＝2

a＝-1， x＝-2， id＝3
a＝12， x＝101， a&x changed， id＝3

a＝-1， x＝-2， id＝1
a＝10， x＝99， a&x changed， id＝1

 * * * * * * 2nd serial region
a＝-1， x＝98， id＝0

a＝9， x＝198， a&x changed， id＝0

---2nd parallel region---
2nd parallel：a＝9， x＝101， id＝3


---2nd parallel region single block
a＝9， x＝101， id＝3
a＝22， x＝204， a&x changed， id＝3

2nd parallel：a＝9， x＝198， id＝0

2nd parallel：a＝9， x＝100， id＝2

2nd parallel：a＝9， x＝99， id＝1
```

```
---2nd parallel region after single
a=22,  x=204,  id=2
---2nd parallel region after single
a=22,  x=204,  id=0
---2nd parallel region after single
a=22,  x=204,  id=1
---2nd parallel region after single
a=22,  x=204,  id=3

* * * * * *3rd serial region
a=9,  x=204,  id=0
```

从程序和输出结果可以看出，上述程序具有如下特点：

（1）在第一个并行区域内采用 firstprivate 子句将局部变量 a 定义成私有变量并进行了初始化。这样，在第一个并行区域内各子线程的变量 a 的私有副本的初始值均等于第一个串行区内同名原始变量的值（a=-1）。

利用子句 threadprivate 将全局变量 x 定义成私有变量，并在第一个并行区域内采用子句 copyin 对并行区域内各子线程的全局变量 x 的私有副本进行初始化。这样，在第一个并行区域内各子线程的全局变量 x 的私有副本的初始值均等于第一个串行区内全局变量 x 的值（x=-2），如图 3-8 所示。

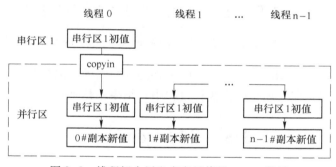

图 3-8 线程间全局私有变量值的 copyin 传播

由于 a 和 x 均为私有变量，因此在第一个并行区域内各线程进行赋值操作时，各子线程的变量 a 和 x 的私有副本各不相同。

（2）在退出第一个并行区域后，执行第二个串行区的线程编号为 0。这样，在第一个并行区域内子线程 0 的全局变量 x 的私有副本的值即为串行区全局变量 x 的值，即 x=98。但是，在第二个串行区内局部变量 a 继承了第一个串行区内同名局部变量 a 的值（a=-1）。

（3）在第二个并行区域内，采用子句 firstprivate 将局部变量 a 定义成私有变量并进行了初始化。这样，各子线程的变量 a 的私有副本的值等于 9。而对于全局私有变量 x，子线程 0 的私有副本等于第二个串行区内主线程 0 的全局变量 x 的值（x=198），而子线程 1、2 和 3 的全局变量的私有副本等于第一个并行区域内相应子线程的值，即分别为 99、100 和 101。

在使用子句 copyprivate 的 single 结构中，子线程 3 拥有的局部变量 a 和全局变量 x 的私有副本的值仍为进入第二个并行区域时的值（a=9，x=101），经重新赋值后变为 a=22，x=204。在 single 块结束处，通过 copyprivate 子句将线程 3 拥有的局部变量 a 和全局变量 x 的私有副本（a=22，x=204）广播给其他线程。这样，各子线程拥有相同的局部变量 a 和全局变量 x 的私有副本，即 a=22，x=204，如图 3-9 所示。

（4）进入第三个串行区后，局部变量 a 继承了第二个串行区的局部变量 a 的值 a=9；而主线程 0 的全局变量 x 则等于第二个并行区域内子线程 0 的值（x=204）。

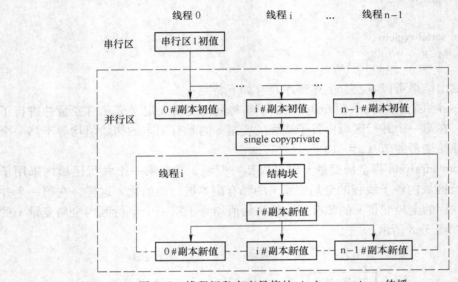

图 3-9　线程间私有变量值的 single copyprivate 传播

需要指出的是，在 single 指令中，只有一个线程去执行这部分程序代码，且这个线程是随机确定的，因此，在上述程序在执行过程中，结果不是唯一的。

3.5　子句 reduction

在科学运算中，经常会遇到累加求和、累减求差、累乘求积、逻辑操作等运算操作。这类运算的特点是反复地将运算符（例如，加法或求最小值）作用在一个变量或一个值上，并把结果保存在原变量中。这类操作被称为规约操作。要并行执行规约操作，规约的操作符必须是可交换的。换言之，以不同的顺序执行操作不能导致出现错误的结果。子句 reduction 的目的就是对前后有依赖性的循环进行规约操作的并行化。

子句 reduction 的语法格式如下：

reduction(运算符:变量列表)

出现在变量列表中的变量是一个标量，其变量属性是私有变量，但是它们不能同时出现在所在并行区域的 private 子句中。在 C/C++中，子句 reduction 涉及的主要运算符如表 3-2 所示。

表 3-2　子句 **reduction** 常用运算符和初始值

运算类别	运算符	初始值
加	+	0
减	−	0
乘	*	1
逻辑与	&&	1
逻辑或	||	0
最大值	max	尽量小的负数
最小值	min	尽量大的正数
按位与	&	所有位均为 1
按位或	|	0
按位异或	^	0

注：OpenMP 3.1 以上版本才支持 max 和 min。

图 3-10 表示采用 3 个线程并行计算数组 a［i］的和。其基本过程如下：主线程 0 从内存读取数据 a[0] ～ a[9]，并对变量 s 进行读和写操作；子线 1 从内存读取数据 a[10] ～ a[19]，并对变量 s 进行读和写操作；子线程 2 从内存读取数据 a[20] ～ a[29]，并对变量 s 进行读和写操作。换言之，数据累加求和并行计算过程中各子线程对变量 s 存在数据竞争。因此，OpenMP 提供规约操作符子句 reduction 实现这类运算的并行化。

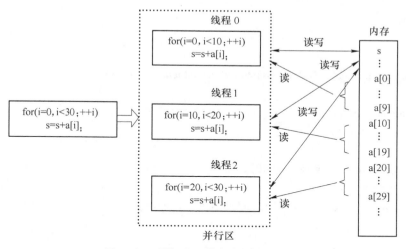

图 3-10　累加求和并行中的数据竞争

子句 reduction 的运行过程可归纳如下：

（1）在并行区域的开始处，将子句 reduction 变量列表中的变量定义为私有变量，各子线程拥有这些变量的一个私有副本，并将各线程变量的私有副本进行初始化。初始值的确定取决于指定的运算符，见表 3-2。

（2）在并行过程中，各子线程通过指定的运算符进行规约计算，不断更新各子线程自己的私有变量副本。

（3）在并行区域的结束处，将各子线程的私有变量的副本通过指定的运算符进行规约计算，更新原始变量。

(4) 由主线程将 reduction 子句变量列表中的变量带出并行区域。

下面是一个规约操作的实例程序，分别进行累加求和、累乘求积和求最大值。

```cpp
/ *  File:rf.cpp   * /
/ *  program:reduction_for   * /
#include<stdio. h>
#include<omp. h>
int main( )
{
    int tid,i;
    int a[5];
    int sum,pdt,amax;

    omp_set_num_threads(3);
    tid=omp_get_thread_num();
    for(i=0;i<5;i++)
    {
        a[i]=i+1;
        printf("a[%d]=%d,",i,a[i]);
    }
    printf("\n");

    sum=0;
    #pragma omp parallel private(i,tid)shared(a)reduction(+:sum)
    {
        #pragma omp for
        for(i=0;i<5;i++)
        {
            tid=omp_get_thread_num();
            sum+=a[i];
            printf("i=%d,   sum=%d,   id=%d\n",i,sum,tid);
        }
    }
    printf("sum=%d\n",sum);
    printf("\n");

    pdt=1;
    #pragma omp parallel for private(i,tid)shared(a)reduction( * :pdt)
    for(i=0;i<5;i++)
    {
        tid=omp_get_thread_num();
```

```
            pdt = pdt * a[i];
            printf("i=%d,   pdt=%d,   id=%d\n",i,pdt,tid);
        }
    printf("pdt=%d\n",pdt);
    printf("\n");


    amax = -1000;
    #pragma omp parallel for reduction(max:amax) private(i,tid) shared(a)
    for(i=0;i<5;i++)
    {
        tid = omp_get_thread_num();
        amax = amax>a[i] ? amax :a[i];
        printf("i=%d,   amax=%d,   id=%d\n",i,amax,tid);
    }

    printf("amax=%d \n",amax);
    return 0;
}
```

上述代码运行后，结果如下：

```
a[0]=1,a[1]=2,a[2]=3,a[3]=4,a[4]=5,
i=0,   sum=1,   id=0
i=1,   sum=3,   id=0
i=4,   sum=5,   id=2
i=2,   sum=3,   id=1
i=3,   sum=7,   id=1
sum=15

i=4,   pdt=5,   id=2
i=2,   pdt=3,   id=1
i=3,   pdt=12,   id=1
i=0,   pdt=1,   id=0
i=1,   pdt=2,   id=0
pdt=120

i=0,   amax=1,   id=0
i=1,   amax=2,   id=0
i=2,   amax=3,   id=1
i=3,   amax=4,   id=1
i=4,   amax=5,   id=2
amax=5
```

从程序和输出结果可以看出，上述程序具有如下特点：

（1）如果对数组 a 只进行读操作，那么可将数组 a 定义为共享变量；如果对变量 sum 和 pdt 存在写操作，那么采用子句 reduction 将变量 sum、pdt 和 amax 定义成私有变量，并指定相应的运算符。

（2）在第一个 reduction 并行区域开始处，将子句 reduction 变量列表中的 sum 变量定义成私有变量，指定的运算符为"+"。这样，各子线程均建立了各自的私有变量 sum 的副本，且它们的初始值为 0。如果指定的运算符为"*"，则子线程私有变量 pdt 的副本的初始值为 1。如果指定的运算符为"max"，则子线程私有变量 amax 的副本的初始值为尽量小的负数。

（3）子线程 0 负责（i=0，1），利用指定的"+"运算符进行累加运算，不断更新私有变量 sum 的副本，最终子线程 0 的私有变量 sum 的副本的值为 1+2=3；同理，子线程 1 负责（i=2，3），累加结果为 3+4=7，此结果保存在子线程 1 的私有变量 sum 的副本中；子线程 2 负责（i=4），子线程 2 的私有变量 sum 的副本的值为 5。

在 for 循环的结束处，将各子线程的私有变量 sum 的副本通过指定的运算符"+"进行运算，从而得到各子线程的私有变量 sum 的副本的和，即 3+7+5=15。最后更新子句 reduction 变量列表中变量 sum=15，并传递给下面串行区的同名原始变量 sum。

（4）累乘求积和求最大值的并行计算步骤与累加求和类似，在此不再赘述。这里需要重点指出的是，OpenMP 3.1 以上的版本才支持子句 reduction 求最大值和求最小值的计算。

（5）#pragma omp parallel private（i，tid）shared（a）reduction（*：pdt）和#pragma omp for 可以合并写为 #pragma omp parallel for private（i，tid）shared（a）reduction（*：pdt）。

（6）出现在 reduction 子句变量列表中的变量被定义为私有变量，因此不能再次出现在 private 子句变量列表中，从而避免重复定义。

在使用子句 reduction 的过程中，需要注意以下几点：

（1）当第一个子线程到达指定了 reduction 子句的共享区域或循环末尾时，原来的归约变量的值将变为不确定，并保持这个不确定状态直到归约计算的完成。

（2）各个子线程的私有副本的值被归约的顺序是未指定的。因此，对于同一段程序的一次串行执行和一次并行执行，甚至两次并行执行来说，都无法保证得到完全相同的结果。这就需要子线程的同步操作。因此，如果在一个循环中使用到了 reduction 子句，就不建议与 nowait 子句同时使用。

（3）对于某些浮点数操作进行重新排序进行归约计算可能会造成输出上的数值差异。一个常见的操作就是数组求和。假设数组元素是一列由大到小排列的浮点数。数组求和是用一个变量保存部分和，并将数组中的每个值加到这个变量中，最后得到数组的总和。在实际的串行求和过程中，当累加到某个元素时，此变量已经非常巨大，此时再加上很小的元素，就不会改变总和（即变量的值）。这是因为增加量过小，无法使变量的值有所增加。这在数值分析中称为"大数吃小数"现象。

现在以两个线程来描述并行求和过程。每个线程各计算数组中一半的元素。第一个线程计算此数组中前一半元素的总和，其中涉及的元素数值较大。第二个线程计算此数组中后一半元素的总和，其中涉及的元素数值较小。因此，第二个线程计算的部分总和较小。

当两个小的正数相加时，其结果很可能会大于两个正数的最大值；相反，当两个差异十分巨大的正数相加时，其结果很可能会等于两个正值的最大值。这样，此数值中较小的元素会被累计在第二个线程的部分总和中。在并行区域的结束处，来自两个线程的部分总和将相对得到最终结果。由于累加的结果，第二个线程的部分总和可能已经足够大，会导致第一个线程的部分总和略有变化。因此用两个线程计算得到的总和可能与用一个线程计算得到的总和有略有不同，但仅是最后几位的有效数字的不同。

3.6　数据竞争

数据竞争是并行计算中最容易出现的问题之一。此现象是在 parallel 区域由两个以上的线程对相同的共享变量同时进行写操作而引起的。其主要特征为非随机过程的多次运行结果不一致；更改线程数可能会导致运算结果的不同；运行结果可能依赖于系统的负载状况。产生这一现象的本质原因在于共享变量的更新没有得到很好的保护。例如：

```
#pragma omp parallel shared(x)
{x=omp_get_thread_num();}
```

在并行区域内，利用函数 omp_ get_ thread_ num () 得到当前的线程编号，并将其写入到共享变量 x 中。此时，多个线程同时对共享变量 x 进行写操作，x 的最后取值与多个线程的执行次序有关，具有不确定性，如图 3-11 所示。

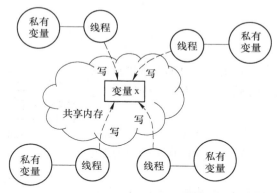

图 3-11　多个线程对同一个共享变量进行写操作引起的数据竞争

在下例中，将 x 定义为共享变量，采用 8 个线程进行并行计算。

```
/*  File:dr.cpp   */
/*  program:data_race   */
#include<omp.h>
#include<stdio.h>
int main()
{
    int x;
```

```
        x=0;

        omp_set_num_threads(8);
        #pragma omp parallel shared(x)
        {
            x=x+1;
        }
        printf("x= %d\n",x);
        return 0;
}
```

上述代码运行后，多次的运行结果各不相同。部分结果如下：

x= 5

　　或

x= 6

　　或

x= 3

　　或

x= 7

从程序和输出结果可以看出，上述程序的结果具
有不确定性。下面以两个线程为例，说明数据竞争过
程，如图 3-12 所示。

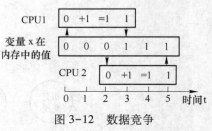

图 3-12　数据竞争

（1）在初始时刻（t=0），内存中 x 的初始值为
0；处理器 1 从内存中读入数据 x=0；在 t=1 时刻进
行+1 运算。

（2）在 t=2 时刻，得到计算结果 x=1。因为各
个 CPU 并不是同时开始工作，假设此时处理器 2 刚从内存中读入数据 x=0。

（3）在 t=3 时刻，处理器 1 将自身的计算结果 x=1 写入内存。此时，内存中 x 的值
由 0 变为 1。处理器 2 进行+1 运算。

（4）在 t=4 时刻，处理器 1 已经执行完任务；处理器 2 得到计算结果 x=1。在 t=5 时
刻，处理器将自身的计算结果 x=1 写入内存。此时，内存中 x 的值保持不变（事实上，
内存中变量 x 的值由处理器 1 的计算结果 x=1 改变为处理器 2 的计算结果 x=1）。

当存在多个处理器同时计算时，由于各个处理器对应的线程并不是同时启动，而是有
先后之分。因此，其从内存中读取 x 的初值时，可能为 0，也可能读取的是其他处理器的
计算结果。这样，程序最终的输出结果可能为 1~8 中的某个数。

编程过程中，容易使用临时变量，例如下例中的 x。

```
#pragma omp parallel for
for( i = 0;i< n;i++)
{

    x=a(i);
    b(i)= 2 * sin(x)

}
```

在上述代码中，x 没有显式声明，从而被隐式地定义为共享变量。在并行计算过程中，所有线程都需要修改和引用 x（写操作和读操作），这就引起数据竞争。因此，建议的修改方案为将变量 x 设为私有。

```
#pragma omp parallel for private(x)
for( i = 0;i<n;i++)
{

    x=a(i);
    b(i)= 2 * sin(x)

}
```

数据竞争的产生一般可归结为如下因素：

（1）两个或两个以上的线程访问同一个变量。

（2）线程之间没有同步机制，不拥有锁，或者其中一个线程要执行写操作。

避免数据竞争的产生，可以采用如下方法：

（1）尽量在并行区域内部声明局部变量。

（2）尽量使用私有变量。

（3）对于并行区域外部的变量，尽量使用 const 类型，从而保证在并行区域内不会发生写操作。

（4）对于并行区域外部的变量，对于没有使用 const 类型的变量，表示需要对这些变量进行写操作，可以采用锁（lock）函数、原子（atomic）指令、临界（critical）指令来进行保护。

3.7 伪 共 享

处理器缓存（Cache Memory）是位于处理器与内存之间的临时存储器，它的容量比内存小得多但是交换速度却比内存要快得多。缓存的出现主要是为了解决处理器运算速度与内存读写速度不匹配的矛盾。由于处理器运算速度远大于内存访问速度，这样处理器不得不花费很长时间来等待数据的到来或者将数据写入内存。由于高速缓存的读取速度远高于低速内存的读取速度，因此处理器访问内存中某个数据块的一个或多个字节时，会将包含所请求内存位置的一部分实际内存复制到高速缓存中；接着处理器通过访问高速缓存即等同于对内存访问；如果处理器需要访问这个数据块中的其他数据，就不必再从内存中调用它，从而大幅度地提高处理器读取数据的速度。因此，在处理器中加入缓存，可以使整个内存储器（缓存和内存）成为既具有缓存的高速度又具有内存的大容量性质的存储系统。

现代计算机系统通常具有多个处理器核心或者多个处理器结构，这样就出现了多个处理器核心共享内存的局面。这种结构通常会导致一个问题：多个处理核心对单一内存资源的访问冲突。如果计算机仅具有处理器和内存结构，那么通过给内存访问加锁就可以解决这个冲突。但是现有的计算系统具有处理器、缓存和内存结构，情况就变得十分复杂。在多处理机系统中，不同的处理器可能需要访问同一个数据块的不同部分（不是相同的字节）。尽管实际数据不共享（处理器有各自的高速缓存），但如果一个处理器对该块的其他部分写入，由于高速缓存的一致性原则，这个块在其他高速缓存上的拷贝就要全部进行更新或者使它们处于无效状态，这就是所谓的"伪共享（或假共享）"，它对系统的性能有负面影响。

"伪共享"的意思是"其实不是共享"。要想深入理解伪共享必须首先明确是共享这个概念。多处理器同时访问同一块内存区域就是共享，多处理器共享的最小内存区域大小称为一个缓存行（cache line）。但是，这种"共享"情况里面存在"其实不是共享"的"伪共享"情况。例如，两个处理器 A 和 B 各自访问两个不同的变量 x 和 y，且这两个变量保存在同一个缓存行大小的内存中。在应用逻辑层面上，因为两个处理器访问的是不同的变量，所以这两个处理器没有共享内存。但是，两个处理器访问的却是位于同一个缓存行中两个在逻辑上彼此独立的不同变量，这就产生了事实上的"共享"。具体而言，如果处理器 A 在自己的缓存中修改了变量 x 的数据，虽然处理器 B 需要访问的是自己缓存中的变量 y，不需要变量 x 的值，如图 3-13 所示。但是调整缓存一致性原则将对处理器 B 中的相应缓存行标记为无效状态，从而强制从内存或者其他位置获得该缓存行的最新副本。而在此时处理器 B 可能也修改了变量 y 的数据，则高速缓存一致性原则反过来又要对处理器 A 中的对应缓存行进行更新。如果此动作不断重复，无疑会增加通信方面的开销；并且，在进行更新缓存行的时候，还会禁止访问该缓存行中的变量。这就是缓存的乒乓效应。

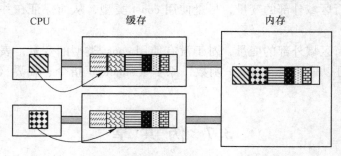

图 3-13　两个线程对同一缓存行相邻元素进行写操作

因为"伪共享"会浪费系统资源，因此编程人员不希望发生"伪共享"。一般来说，伪共享会在下述两个情况下会出现。

（1）多个处理器对同一个共享变量进行读写操作。例如：处理器 A 将内存中共享变量 x=-10 读入自己的缓存，并在缓存中修改此变量的值 x=30；然后，处理器 B 同时也将内存中共享变量 x 的值读入自己的缓存，那么，处理器 B 看到的只是共享变量 x 的原始值 x=-10，而看不到存在于处理器 A 缓存中的更新的内容 x=30，这就产生了共享变量内容不一致的问题。多处理器系统一般通过设计控制协议来协调各个处理器缓存读写，保证内容一致，以解决这种冲突。

（2）不同处理器对同一数组的相邻元素或者对内存地址相邻的变量进行写操作，即更新同一缓存行中的数据。例如，当多个线程操作同一个整数型数组 b［10］时，如果子线程 0 对 b［0］进行写操作，子线程 1 对 b［1］进行写操作，子线程 2 对 b［2］进行写操作……如图 3-13 所示。在这种情况下，每个子线程理论上不应该引起数据竞争。但是，一个缓存行可以包含几个整数，因此访问同一个缓存行内不同数组元素的不同处理器在进行写操作时会引起竞争，从而需要在完成自己的写操作后，通知系统花费额外资源和时间运用控制协议来对其他处理器所拥有的缓存行依次进行更新，这显然是不必要的。在这种情况下，把每个数组元素单独放在一个缓存行大小的内存区域里在时间上是最有效率的，然而这种做法在空间上就变得最没有效率了。

要解决伪共享问题，可以采用如下方法：

（1）各处理器对共享变量只进行读操作，不进行写操作。

（2）不同处理器对数组进行写操作时，尽量使不同处理器操作数组中相隔比较远的元素。由于同一个数组相隔比较远的元素会分配到不同的缓存行中，这样不同处理器可以针对不同的缓存行进行写操作，从而避免了伪共享问题。

3.8　小　结

本章介绍了 OpenMP 编程中必须分清的两组变量：共享变量和私有变量，全局变量和局部变量。共享变量和私有变量的定义一般通过子句 private 和 shared 来完成。并行区域内的局部变量是私用变量。如果不采用子句进行说明，循环指标变量被默认为 private 变量。

子句 private 表示并行区域线程组内的每一个线程都会产生一个并行区域外同名变量的私有副本。循环指标变量、临时变量和需要执行写操作的变量一般是 private 变量；数组变量和仅进行读的变量一般是 shared 变量。对于并行区域中的各线程，如果变量总是被同一个线程先执行写操作后执行读操作，那么该变量为 private 变量。如果 private 变量在离开并行区域进入串行区后是先执行写操作后执行读操作，并且并行构造是 parallel for 或 parallel sections，则该变量是 lastprivate 变量。如果变量在编译器需要执行求和／差／积、求最大／小值这类归约操作，那么该变量为 reduction 变量，并且具有特定的操作符。

指令 threadprivate 和子句 private 的区别在于，private 是针对并行区域内的变量的，而 threadprivate 是针对全局变量或静态（static）变量的。子句 firstprivate 在进入并行区时将主线程的相关变量的值赋给线程组内的其他线程。另外，private 不能和 firstprivate／lastprivate 混用于同一个变量，子句 firstprivate 和 lastprivate 可以对同一变量使用，效果为两者的结合。

线程间变量的通信可通过子句 firstprivate、lastprivate、threadprivate、copyin、copyprivate 和 reduction 来完成。在进入并行区域时，子句 firstprivate 会使用并行区域外的同名变量进行初始化；在退出并行区域时，子句 lastprivate 会使用并行区域内执行程序语法上的最后一次迭代或最后一个 section 子句的线程的私有变量副本，对并行区域外的同名变量进行赋值。子句 copyin 用来将主线程中 threadprivate 变量的值拷贝到执行并行区域的各个线程的 threadprivate 变量中，便于线程访问主线程中的变量值。子句 copyprivate 将一个线程的私有变量的值拷贝到执行同一并行区域的其他线程。通常，子句 copyprivate 与指令 single 合用，在指令 single 的 barrier 到达之前就完成了广播工作。子句 copyprivate 可以对 private 和 threadprivate 子句变量列表中的私有变量进行操作，但是当使用 single 结构时，copyprivate 的变量不能用于 private 和 firstprivate 子句中。

子句 shared 表示并行区域内变量定义为共享变量。在并行区域中，如果变量的使用不会在线程间引起数据竞争，则该变量可被定义为 shared 变量。在并行区域内使用共享变量时，如果直接对共享变量进行写操作，那么会由于数据竞争造成不可预测的异常结果，因此必须对共享变量加以保护，否则不要轻易使用共享变量，并且尽量将对共享变量的访问转化为对私有变量的访问。

子句 reduction 用于对一个或多个变量指定一个操作符，每个线程将创建变量列表中变量的一个私有拷贝。在区域结束处，将用私有拷贝的值通过指定的运行符运算，原始的变量将采用运算结果的新值。

练 习 题

3.1 简述共享变量和私有变量的差异。

3.2 简述局部变量和全局变量的差异。

3.3 将一个局部变量定义为私有变量有几种方法？将其定义为共享变量有几种方法？

3.4 将一个全局变量定义为私有变量有几种方法？将其定义为共享变量有几种方法？

3.5 请利用指令 reduction 编写程序实现对实数数组 $x(i, j) = (i+j)/(i \times j)$ $(i, j=1\sim100)$ 取最小值并指出最小值对应的下标。

3.6 简述指令 reduction 中的变量列表中变量与私有变量的差异。

3.7 请分析伪共享产生的原因，并列举伪共享可能产生的情况。

3.8 请采用两种以上的方案利用公式 $\pi = 4\arctan(1) = \int_0^1 4(\arctan(x))'\mathrm{d}x = \int_0^1 \frac{4}{1+x^2}\mathrm{d}x \approx \sum_{i=1}^n f(x_i)\Delta x$

来计算圆周率 π。

提示：（1）#pragma omp parallel for reduction。

（2）#pragma omp parallel 和线程号。

（3）#pragma omp parallel、#pragma omp critical 和线程号。

（4）#pragma omp parallel for 和线程号。

4 并行控制

在 OpenMP 中，创建线程组建立并行区域是不可分割的两个部分，也是进行并行控制的关键步骤。OpenMP 建立并行区域是通过指令 parallel 来实现，而创建线程组并确定线程的数量则存在静态模式、动态模式、嵌套模式、条件模式等多种模式，如图 4-1 所示。

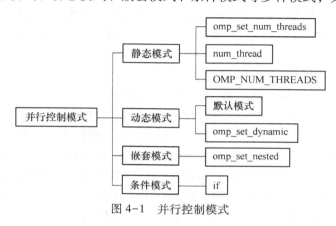

图 4-1　并行控制模式

4.1　指令 parallel

并行区域是一块能被多个线程执行的代码。指令 parallel 的作用就是构造一个并行区域。此并行区域也可称为 parallel 结构，是指被#pragma omp parallel{} 所包含的区域，是 OpenMP 并行的基础。

指令 parallel 一般与 for、sections 等指令配合使用。在 C/C++中，指令 parallel 的使用方法如下：

```
#pragma omp parallel[子句......]
              if( scalar_expression )
              private( list )
              shared( list )
              default( shared | none )
              firstprivate( list )
              reduction( operator:list )
              copyin( list )
              num_threads( integer-expression )
              proc_bind( master | close | spread )
{
    代码块
}
```

方括号 ［ ］ 表示可选项。其中，子句 num_threads 设置并行区域内线程组内线程的数量；子句 proc_bind 代表线程与处理器核心的映射关系。此选项一般用于嵌套并行中。目前，OpenMP 支持 spread、close、master 这三个参数。参数 spread 表示线程会尽量均匀地分布在各个核心上，有利于实现内存带宽利用率的最大化；参数 close 表示线程会尽量分布在相邻的处理器上，有利于实现内存共享；参数 master 表示所有线程都和主线程绑定在相同的位置（同一个处理器）上。在大多数情况下，参数 spread 能实现较好的性能。

指令 parallel 的操作详情如下：

（1）当线程遇到指令 parallel 时，它就会创建一个线程组，并成为这个线程组中的主线程。这个主线程是线程组的成员且其线程号为 0。

（2）从这个并行区域开始，线程组中所有线程均复制并执行并行区域中的代码。

（3）在并行区域的结束处有一个隐含的同步（或等待），仅仅只有主线程能继续执行隐含的同步后的代码。

（4）线程编号从 0（主线程）到 n−1。

（5）通过线程号可以给不同线程手工分配不同的任务。

（6）利用工作共享指令可以通过自动地给每个线程分配任务。

（7）并行区域内的线程数量是由以下因素决定的，按优先级排序：1）子句 if 的值；2）子句 num_threads 的设置；3）库函数 omp_set_num_threads 的设置；4）环境变量OMP_NUM_THREADS 的设置；5）默认设置为计算机的 CPU 数量，也可能是动态的。

与指令 parallel 相对应的函数有 omp_in_parallel。此函数的主要作用是确定线程是否在并行区域内执行，它的返回值是一个逻辑变量。如果返回值是真，则表明函数 omp_in_parallel（ ）所在区域为并行区域；如果返回值是假，则表明函数 omp_in_parallel（ ）所在区域为串行区域。

在使用指令 parallel 时，必须注意如下事项：

（1）一个并行区域必须是一个结构块，不能跨越多个程序或者代码文件。

（2）进入或者离开一个并行区域的分支都是非法的。

（3）只允许一个 if 子句。

（4）只允许一个 num_ threads 子句。

下面举一个例子来说明 parallel 指令的用法。

```cpp
/ *  File:parallel. cpp    * /
/ *  program:parallel    * /
#include<stdio. h>
#include<omp. h>
int main( )
{
    int tid,nthreads;
    nthreads = omp_get_num_threads( );
    tid = omp_get_thread_num( );
    if( omp_in_parallel( ) )
    {
    printf("in the parallel region! id = %d    ",tid);
```

```
        printf("number of threads:%d\n",nthreads);
    }
    else
    {
        printf("in the serial region! id=%d     ",tid);
        printf("number of threads:%d\n",nthreads);
    }
    printf("-----before parallel region");
    printf("\n");
    printf("\n");

#pragma omp parallel private(tid,nthreads)
    {
        nthreads=omp_get_num_threads();
        tid=omp_get_thread_num();
        if(omp_in_parallel())
        {
            printf("in the parallel region! id=%d     ",tid);
            printf("number of threads:%d\n",nthreads);
        }
        else
        {
            printf("in the serial region! id=%d     ",tid);
            printf("number of threads:%d\n",nthreads);
        }
    }
    printf("\n");
    printf("-----after parallel region\n");
    nthreads=omp_get_num_threads();
    tid=omp_get_thread_num();
    if(omp_in_parallel())
    {
        printf("in the parallel region! id=%d     ",tid);
        printf("number of threads:%d\n",nthreads);
    }
    else
    {
        printf("in the serial region! id=%d     ",tid);
        printf("number of threads:%d\n",nthreads);
    }
    return 0;
}
```

执行上述代码后，运行结果如下：

```
in the serial region！id＝0      number of threads：1
－－－－before parallel region

in the parallel region！id＝0     number of threads：8
in the parallel region！id＝2     number of threads：8
in the parallel region！id＝3     number of threads：8
in the parallel region！id＝1     number of threads：8
in the parallel region！id＝5     number of threads：8
in the parallel region！id＝4     number of threads：8
in the parallel region！id＝6     number of threads：8
in the parallel region！id＝7     number of threads：8

－－－－after parallel region
in the serial region！id＝0      number of threads：1
```

从程序和输出结果可以看出，上述程序具有如下特点：

（1）指令 parallel 前的代码段隶属于串行区，采用单线程方式执行代码，线程号为 0。

（2）在指令 parallel 定义的并行区域内，采用多线程方式执行代码。

（3）因为硬件系统有两颗四核处理器，而且指令 parallel 定义的并行区域内的线程数没有显式声明，因此，并行区域内运行的线程数量等于硬件系统所能提供的最大线程数。这样，代码段采用 8 个子线程并行执行，即 8 个子线程均执行一遍并行区域内的代码。

（4）线程组内子线程号为从 0 到 7，且子进程的执行次序是随机的。

（5）退出并行区域后，串行区代码段采用单线程方式执行，线程号为 0。

（6）采用函数 omp_get_num_threads 获得程序执行过程中正在运行线程的数量，采用函数 omp_get_thread_num 获得目前正在运行的线程号，采用函数 omp_in_parallel 来检测这三段代码是采用串行方式执行还是采用并行方式执行。

4.2   设定线程数量

对并行区域设置线程数量是必不可少的关键步骤，通常有四种途径：

第一种途径是采用默认方式。此方式要求实际参加并行的线程数量等于系统可以提供的线程数量，例如 4.1 节的程序 parallel. cpp。

第二种途径是调用环境库函数。这种途径提供了四种设置线程个数的模式：

（1）静态模式是调用函数 omp_set_num_threads（）设定线程数，取值为整数。

（2）动态模式是调用函数 omp_set_dynamic（）动态设定各并行区域内线程数目。

（3）嵌套模式是调用函数 omp_set_nested（）启用或禁用嵌套并行操作。取值为真或者假，默认值为假。

（4）条件模式是利用子句 if 实现条件并行操作。

第三种途径是使用指令 num_thread（）。它实际上是一种静态模式。

第四种途径是使用环境变量 OMP_NUM_THREADS。它实际上也是一种静态模式。其基本用法见 7. 1. 3 节。

在这七种方法中，比较常用的模式是静态模式和动态模式。嵌套模式则比较复杂，普通的编程人员一般不会涉及。

需要指出的是，在设定线程数量时，需考虑以下因素：

（1）总的运行线程数一般不超过系统的处理器数目；如果 CPU 硬件支持超线程，则总的运行线程数一般不超过系统的处理器数目的 2 倍。

（2）尽量增加每个线程的负载，使线程切换和调度等的开销可以忽略。

4.3　默认模式

所谓默认模式，就是在程序中对并行计算的线程数量不作显式声明。此方式的优越性在于程序的扩展性好。当硬件升级到更多核后，在不修改程序的情况下，程序创建的线程数量随系统处理器核数的变化而变化，这样能充分利用机器的性能。但是，这种默认模式也会带来一些问题。

（1）如果并行程序的结果依赖于线程的数量和线程号，那么默认模式就会给出错误结果。

（2）在大多数情况下，为了提高设备利用率，大型服务器都是公用的，这就意味着有多个用户一起使用。此时，采用默认模式就会抢占资源，影响其他用户的使用。

（3）如果计算负载小，线程过多有时会造成实际计算耗时的延长。

4.4　静态模式

静态模式是由程序员确定并行区域中线程的数量。这种模式是在串行代码区调用函数 OMP_SET_NUM_THREADS 来设置线程数量。下面举一个例子来说明此函数的用法。

```
/*  File:snt. cpp   */
/*  program:set_num_threads   */
#include<stdio. h>
#include<omp. h>
int main( )
{
    int nthreads_set,nthreads,tid;

    #pragma omp parallel private(tid,nthreads)
    {
        nthreads=omp_get_num_threads( );
        tid=omp_get_thread_num( );
        printf(" number of threads(default)=%d   ",nthreads);
        printf("id=%d\n",tid);
    }
    printf(" ------before OMP_SET_NUM_THREADS\n");
    printf(" \n");
```

```
    nthreads_set = 3 ;
    omp_set_num_threads( nthreads_set ) ;
    printf( " set_number_threads = %d\n" , nthreads_set ) ;

    #pragma omp parallel private( tid , nthreads )
    {
        nthreads = omp_get_num_threads( ) ;
        tid = omp_get_thread_num( ) ;
        printf( " number of threads( default ) = %d     " , nthreads ) ;
        printf( " id = %d\n" , tid ) ;
    }
    return 0 ;
}
```

执行上述代码后，运行结果如下：

```
number of threads( default ) = 8      id = 3
number of threads( default ) = 8      id = 1
number of threads( default ) = 8      id = 4
number of threads( default ) = 8      id = 5
number of threads( default ) = 8      id = 0
number of threads( default ) = 8      id = 7
number of threads( default ) = 8      id = 2
number of threads( default ) = 8      id = 6
------before OMP_SET_NUM_THREADS

set_number_threads = 3
number of threads( default ) = 3      id = 0
number of threads( default ) = 3      id = 2
number of threads( default ) = 3      id = 1
```

从程序和输出结果可以看出，上述程序具有如下特点：

（1）在默认模式下，并行计算的线程数量等于系统可以提供的线程数量。本硬件系统是 2 颗处理器，每颗处理器是 4 个核心，因此在默认模式下并行区域内线程总数为 2×4 = 8 个。

（2）可用线程数量可以不等于系统中可以提供的线程总数。

（3）环境库函数 omp_set_num_threads 必须置于相应的并行区域前。

4.5 动态模式

默认模式实际上是动态模式。换言之，如果在程序中没有设定并行区域中线程的数量，则程序自动转为动态模式。在动态模式中，并行区域中的线程数是动态确定的，各并行区域可以具有不同的线程数。因此，建议尽量采用显式格式对所需的线程数量进行声明。

可用线程数的动态调整是通过调用环境库函数 omp_set_dynamic 来实现的。如果参数设为真，表明启用了可用线程数的动态调整，此时函数 omp_set_num_threads( ) 只能设定一个上限，实际参加并行的线程数不会超过所设置的线程数目。如果设为假，表明禁用可用线程数的动态调整，那么函数 omp_set_num_threads( ) 设置的线程数目即为实际参加并行的线程数。在缺省情况下动态调整被启用。但是如果并行程序的正确执行依赖于线程数量，则需显式地说明禁用可用线程数的动态调整。

下面举一个例子来说明此函数的用法。

```cpp
/*  File:sd.cpp  */
/*  program:set_dynamic  */
#include<stdio.h>
#include<omp.h>
int main( )
{
    int nthreads_set,nthreads,tid;
    nthreads_set = 3;
    omp_set_dynamic(1);
    omp_set_num_threads(nthreads_set);
    printf("set_number_threads = %d\n",nthreads_set);
    printf("dynamic region(1 or 0):%d\n",omp_get_dynamic( ));
    printf("\n");

    #pragma omp parallel private(tid,nthreads)
    {
        nthreads = omp_get_num_threads( );
        tid = omp_get_thread_num( );
        printf("number of threads = %d    ",nthreads);
        printf("tid = %d\n",tid);
        printf("--------------------\n");
    }
    return 0;
}
```

执行上述代码后，运行结果如下：

```
set_number_threads = 3
dynamic region(1 or 0):1

number of threads = 3    tid = 0
--------------------
number of threads = 3    tid = 1
--------------------
number of threads = 3    tid = 2
--------------------
```

从程序和输出结果可以看出，上述程序具有如下特点：

（1）函数 omp_set_dynamic( ) 置于并行区域前，并与函数 omp_set_num_threads( ) 或

指令 num_threads( ) 成对使用。

（2）与函数 omp_set_dynamic( ) 对应的函数是 omp_get_dynamic( )。此函数用来确定程序是否启用了动态线程调整。如果启用了动态线程调整，那么函数 omp_get_dynamic( ) 的返回值为真；否则，返回值为假。

（3）实际参加并行执行的线程不会超过函数 omp_set_num_threads( ) 所设置的线程数目。

需要指出的是，当并行计算结果依赖于实际参加并行的线程数，必须使用函数omp_set_dynamic( )，且其值设为假。

4.6　嵌套模式与 num_threads 子句

环境库函数 omp_set_nested( ) 的作用是启用或禁用嵌套并行操作。此调用只影响调用线程所遇到的同一级或内部嵌套级别的后续并行区域。如果设为真，表示启用嵌套并行操作，那么能在嵌套并行区域配置额外的线程；如果设为假，表示禁用嵌套并行操作，那么嵌套并行区域内代码将被目前的线程进行串行执行。缺省情况是禁用嵌套并行操作。

```
/*  File:sn.c  */
/*  program:set_nested  */
#include<stdio.h>
#include<omp.h>
int main()
{
    omp_set_nested(1);
    omp_set_dynamic(0);

    printf("nested region(1 or 0):%d\n",omp_get_nested());
    printf("\n");

    #pragma omp parallel num_threads(2)
    {
        if(omp_get_thread_num()==0)
            omp_set_num_threads(4);
        else
            omp_set_num_threads(3);

    #pragma omp master
    printf(" * * * * * outer zone:active_level=%d,   team_size=%d\n",
        omp_get_active_level(),omp_get_team_size(omp_get_active_level()));
    printf("outer:thread_ID=%d,threads_in_team=%d\n",
        omp_get_thread_num(),omp_get_num_threads());
    #pragma omp parallel
    {
        #pragma omp master
    printf("-----inner zone:active_level=%d,   team_size=%d\n",
```

```
        omp_get_active_level(),omp_get_team_size(omp_get_active_level()));

    printf("inner:threads_ID=%d,threads_in_team =%d \n",
        omp_get_thread_num(),omp_get_num_threads());
        }
    }
    return 0;
}
```

执行上述代码后，运行结果如下：

```
nested region(1 or 0):1

* * * * * outer zone:active_level=1,   team_size=2
outer:thread_ID=0,threads_in_team=2
outer:thread_ID=1,threads_in_team=2
-----inner zone:active_level=2,   team_size=4
inner:threads_ID=1,threads_in_team = 4
inner:threads_ID=0,threads_in_team = 4
inner:threads_ID=2,threads_in_team = 4
inner:threads_ID=3,threads_in_team = 4
inner:threads_ID=1,threads_in_team = 3
-----inner zone:active_level=2,   team_size=3
inner:threads_ID=0,threads_in_team = 3
inner:threads_ID=2,threads_in_team = 3
```

从程序和输出结果可以看出，上述程序具有如下特点：

（1）函数 omp_set_nested() 和 omp_set_dynamic() 需要置于嵌套并行区域前。函数 omp_set_nested(1) 表明嵌套区域有两层。其层号分别为 1 和 2。函数 omp_set_dynamic(0) 表明禁止线程数量的动态调整。

（2）与函数 omp_set_nested() 对应的函数是 omp_get_nested()。此函数用来确定此处是否启用了嵌套并行操作。如果启用了动态线程调整则函数 omp_get_nested() 的返回值为真；否则，返回值为假。

（3）在执行外层嵌套过程中，指令 num_threads() 设置的是当前所在层的线程组的数目。

（4）在 if-else 语句中，函数 omp_get_thread_num() 获取的编号是当前执行"outer"并行区的线程编号，此线程在"inner"并行区内将作为主线程存在，如图 4-2 所示。函数 omp_set_num_threads() 设置的是"inner"并行区内各个线程组内子线程的数量。本例在一个线程组设置 4 个子线程，在另一个线程组设置 3 个子线程。

（5）调用函数 omp_get_active_level() 获取的是当前所在的嵌套层的编号，调用函数 omp_get_team_size() 给出的是线程所属线程组的子线程数量。在"outer"所在并行区，嵌套层编号为 1，存在 1 个线程组（"outer：active_level=1，team_size() = 2"这样的结果仅输出了一次），线程组内子线程数量为 2；在"inner"所在并行区，嵌套层编号为 2，存在 2 个线程组（"inner：active_level=2，team_size() = 3"这样类似的结果输出了 2

次），一个线程组内线程数量为 4，另一个线程组内子线程数量为 3。

（6）函数 omp_get_thread_num( ) 和 omp_get_num_threads( ) 给出的分别是子线程编号和线程组的数量。在"outer"所在并行区有 1 个由 2 个子线程组成的线程组，因此，"outer：thread_ID＝0，threads_in_team＝2"这样类似的结果输出了 2 次；在"inner"所在并行区有 2 个线程组，线程组内的线程数量分别为 4 和 3。因此，"inner：threads_ID＝2，threads_in_team ＝3"这样类似的结果被输出了 7 次。

需要指出的是，子句 num_threads( ) 仅会影响当前并行区域，而 omp_set_num_threads( ) 对环境变量 OMP_NUM_THREADS 的覆盖则是全局的，在整个程序运行期间均成立。

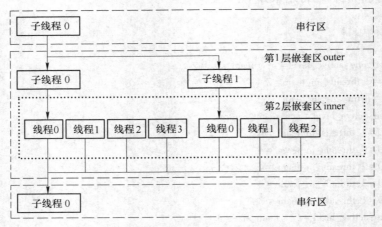

图 4-2   程序 sn.f 嵌套执行示意图

OpenMP 的嵌套并行是指在并行区域中可以遇到另一个并行区域。常用嵌套并行方式有两种：先使用粗粒度并行的 tasks 或 parallel sections，然后使用 parallel for 在任务 task 或子区域 section 内获取进一步的并行性。下面给出一个 sections 结构嵌套并行计算的例子。

```
/*  File：nc.cpp   */
/*  program：nested calculation   */
#include<stdio. h>
#include<omp. h>

#define m 5
#define n 4
int main( )
{
    int array1[m],array2[n];
    omp_set_nested(1);
    omp_set_dynamic(0);
#pragma omp parallel sections shared(array1,array2)num_threads(3)
    {
        #pragma omp section
        {
            printf(" * * * * * outer section 1：active_level＝%d,team_size＝%d",
```

```
            omp_get_active_level( ),omp_get_team_size( omp_get_active_level( ) ) );
        printf("    id=%d,threads_in_team=%d\n\n",
            omp_get_thread_num( ),omp_get_num_threads( ) );

        #pragma omp parallel for shared( array1 ) num_threads( 3 )
        for( int i=0;i<m;i++ )
        {
            array1[ i ]=i;
            printf("-----inner section 1:i=%d active_level=%d,team_size=%d",i,
                omp_get_active_level( ),omp_get_team_size( omp_get_active_level( ) ) );
            printf("    id=%d,threads_in_team =%d \n",
                omp_get_thread_num( ),omp_get_num_threads( ) );
        }

    }

    #pragma omp section
    {
        printf(" * * * * * outer section 2:active_level=%d,team_size=%d",
            omp_get_active_level( ),omp_get_team_size( omp_get_active_level( ) ) );
        printf("    id=%d,threads_in_team=%d\n\n",
            omp_get_thread_num( ),omp_get_num_threads( ) );

        #pragma omp parallel for shared( array2 ) num_threads( 2 )
        for( int j=0;j<n;j++ )
        {
            array2[ j ]=j+10;
            printf("-----inner section 2:j=%d active_level=%d,team_size=%d",j,
                omp_get_active_level( ),omp_get_team_size( omp_get_active_level( ) ) );
            printf("    id=%d,threads_in_team =%d \n",
                omp_get_thread_num( ),omp_get_num_threads( ) );
        }
    }
    }
    return 0;
}
```

执行上述代码后，运行结果如下：

```
* * * * * outer section 1:active_level=1,team_size=3    id=0,threads_in_team=3

* * * * * outer section 2:active_level=1,team_size=3    id=1,threads_in_team=3

-----inner section 1:i=0 active_level=2,team_size=3    id=0,threads_in_team =3
-----inner section 1:i=1 active_level=2,team_size=3    id=0,threads_in_team =3
-----inner section 1:i=2 active_level=2,team_size=3    id=1,threads_in_team =3
```

```
-----inner section 1:i=3 active_level=2,team_size=3    id=1,threads_in_team =3
-----inner section 1:i=4 active_level=2,team_size=3    id=2,threads_in_team =3
-----inner section 2:j=0 active_level=2,team_size=2    id=0,threads_in_team =2
-----inner section 2:j=1 active_level=2,team_size=2    id=0,threads_in_team =2
-----inner section 2:j=2 active_level=2,team_size=2    id=1,threads_in_team =2
-----inner section 2:j=3 active_level=2,team_size=2    id=1,threads_in_team =2
```

从程序和输出结果可以看出，上述程序具有如下特点：

（1）在两个并行的 section 中嵌套 parallel for 指令对两个数组 array1 和 array2 进行初始化。这种嵌套并行的实施，需要建立在环境变量 OMP_NESTED 或以非零值作为参数调用函数 omp_set_nested( ) 的基础上。

（2）函数 omp_set_nested( ) 置于嵌套并行区域前。函数 omp_set_nested(1) 表明嵌套区域有两层。其层号分别为 1 和 2。函数 omp_set_dynamic(0) 表明禁止线程数量的动态调整。

（3）在执行外层嵌套 sections 过程中，指令 num_threads( ) 设置的是当前所在层的线程组的线程数目 3，但实际只用了两个 section，因此线程 2 处于闲置状态，如图 4-3 所示。

（4）在第一个 section 区域中，定义了 3 个线程，分别执行 i=0~4；在第二个 section 区域中，定义了 2 个线程，分别执行 j=0~3。

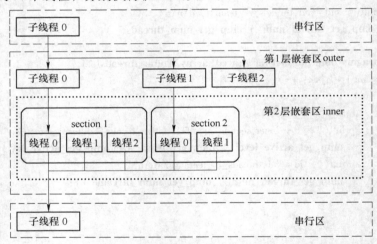

图 4-3　程序 sc.f 嵌套执行示意图

在实际应用中，OpenMP 并不建议使用并行嵌套，这是因为如果一个并行计算中的某个线程遇到了另外一个并行分支，那么程序运行将会变得不稳定。将一个完整的工作任务通过一组并行线程分成若干小任务，每个线程只执行指定给它的那段代码，并没用多余的线程去做其他的工作。即使在并行计算中正在运行的某个线程遇到了一个新的并行分支，通过分割这个任务形成更多的线程，没有任何实际意义。

4.7　条件并行子句 if

在并行结构中，OpenMP 提供了子句 if 来实行条件并行。具体而言，如果子句 if 的条件能够得到满足，就采用并行方式来运行并行区域内的代码；如果子句 if 的条件不能够得到满足，就采用串行方式来运行并行区域内的代码。子句 if 一般与指令 parallel、parallel for 及 parallel sections 配合使用。

子句 if 的使用方法如下：

```
if(标量逻辑表达式)
```

下面 举例来说明子句 if 的用法。

```
/*  File:ipp. cpp  */
/*  program:if_parallel_print  */
#include<stdio. h>
#include<omp. h>
void printnumthreads( int n)
{
    int nthreads;

    #pragma omp parallel private( nthreads)if( n> 10) num_threads( 4)
    {
        nthreads = omp_get_num_threads( );
        printf( "number of threads = %d,n = %d\n",nthreads,n);
    }
    return;
}
int main( )
{
    printnumthreads( 2);
    printf( "\n");
    printnumthreads( 20);
    return 0;
}
```

执行上述代码后，运行结果如下：

```
number of threads = 1,n = 2

number of threads = 4,n = 20
number of threads = 4,n = 20
number of threads = 4,n = 20
number of threads = 4,n = 20
```

从程序和输出结果可以看出，上述程序具有如下特点：

（1）指令 parallel if(n>10) num_threads(4) 的含义是如果条件 n>10 成立，则执行 num_threads(4) 采用 4 个线程执行程序块。如果条件不成立，则不执行 num_threads(4)，采用串行方式执行程序块。

（2）通过 if 子句中的条件判断来决定是否进行并行执行。这是一个十分重要的并行编程思想。如果工作负载小，则单线程方式串行执行所需的时间消耗小；如果工作负载大，则多线程方式并行执行所需的时间消耗小。

4.8 动态设置并行循环的线程数量

在实际应用过程中，并行程序可能需要在不同的硬件环境下运行。有些机器是双核，有些机器是 4 核甚至更多核；并且这些硬件环境将来可能通过增加 CPU 核数进行升级。这样，如何根据实际机器的硬件条件来自主设置合适的线程数量就十分重要，否则硬件升级后程序需要进行修改，这是一件比较麻烦的事情。

例如，首先，在一个双核微机系统中调试并行程序，线程数量设置为 2；当在 4 核或 8 核服务器上运行此并行程序时，开始设置双线程并行就不能满足要求，因此需要修改程序。线程数量的设置不但要满足机器硬件升级的可扩展性外，还要兼顾程序的可扩展性。例如，在有限差分和有限元计算中，经常需要对网格进行加密。虽然程序运算量会相应增加，但是编程人员希望程序设置的线程数量仍然能够满足计算要求。显然，这种动态需求不能通过设置静态的线程数量来解决。

在并行程序中具体计算需要的线程数量时，通常从如下两点入手：

（1）当循环次数较少时，如果采用执行程序的线程数量太多，可能会造成总运行时间高于较少数量线程或单线程执行所用时间，并且还会增加能耗。

（2）如果所设置的线程数量远超过 CPU 核数，那么大量的任务切换和调度等开销会降低整体效率。

假设一个并行程序中动态设置线程数目的要求如下：

（1）采用多个线程运行时，每个线程运行的循环次数不小于 3 次。

（2）计算循环的线程总数量不超过系统中 CPU 核的数目。

4.9 小 结

本章指出并行区域的创建须使用指令 parallel，创建多个线程组则须使用嵌套模式，确定线程组中子线程的数量则可使用静态模式或动态模式。而使用条件模式则可根据工作负载大小来自主调节子线程数量。

练 习 题

4.1 请写出设置线程组线程数量的常用方法。

4.2 试分析默认模式、静态模式和动态模式这些模式之间的差别。

4.3 试分析嵌套模式与静态模式、动态模式的联系。

4.4 试分析确定线程组中线程数量需要考虑的因素。

4.5 试采用框图形式分析本章 4.7 节程序 ipp. cpp 的执行过程。

4.6 试采用两种以上的并行控制模式对第 1 章练习题 1.8 中的串行程序 hl. cpp 进行并行化。

5 并行构造

通常，一个程序会包括多个循环，而大型的科学计算所耗费的时间也是大量集中于循环计算，因此在程序编写中使用最频繁的是利用指令 for 对循环进行并行化处理。当然，偶尔也会使用指令 sections。如果将一个线程执行的长 for 循环分割成几部分让多个线程同时执行，就可以节省计算时间。如果各个循环之间没有关联，那么可以采用指令 for 和 simd 进行并行矢量化。如果循环迭代之间存在关联，可以考虑引入 safelen 子句；如果循环体内存在关联，可以考虑引入 depend 子句。如果相邻的程序块交换次序后也不影响最终结果，则这些程序块是前后没有依赖关系的程序块，那么可以采用指令 sections 进行并行化。如果存在 GPU 等异构设备，需要引入指令 target。

并行构造采用工作共享指令来完成。工作共享指令只负责任务划分，并分发给各个线程。工作共享指令必须位于并行区域中才能起到并行执行任务的作用，原因是工作共享指令不能产生新的线程。如果工作共享指令处于串行区域中，那么任务只能被一个线程执行。因此，并行构造指令包括并行区域指令和工作共享指令两部分。在使用并行构造指令后，整个工作区域被分割成多个可执行的工作分区。线程组内各个线程自动地从各个工作分区中获取任务执行；每个子线程在执行完毕当前工作分区后，如果工作分区存在完成的工作分区，则会继续获取任务执行。

对于 C/C++而言，有图 5-1 所示的六种工作共享指令。工作共享命令 task、target 和 simd 比较复杂，均单独成章；本章仅介绍 for、section 和 single 这三个工作共享指令。

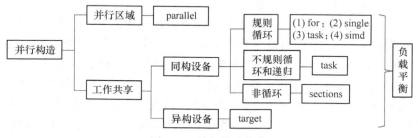

图 5-1　并行构造指令

在使用并行构造时，需要注意并行构造的如下特征：

（1）为了能并行执行此指令，一个工作共享结构必须被并行区域动态封闭。

（2）当一个线程组到达一个工作共享结构时，要么全部线程被占用，要么不被占用。

（3）线程组的所有线程必须以相同的顺序到达连续的工作共享结构。

（4）工作共享结构将需要执行的代码块分给它所遇到的线程组内的线程。

（5）工作共享结构不会启动新线程。

（6）在进入并行构造时没有任何隐含的栅障，但在并行构造结束处存在隐含的栅障。

多核 CPU 中，要很好地发挥出多个 CPU 的性能的话，必须保证分配到各个 CPU 上的任务有一个很好的负载平衡。否则一些 CPU 在运行，另外一些 CPU 处于空闲，无法发挥出多核 CPU 的优势来。因此，负载平衡是影响程序并行执行效率的一个重要因素。

5.1　负载平衡

与串行计算不同，并行计算具有一个独特的特点：负载平衡。负载是指实际需要处理的工作量，即处理数据所要完成的工作量。负载平衡是指各任务之间工作量的平均分配。在并行计算中，负载平衡是指将任务平均分配到并行执行系统中的各个处理器上，使之充分发挥各个处理器的计算能力，这就是负载平衡的含义。如果不能实现负载平衡，那么部分处理器始终处于运行状态，而另外的处理器处于空闲或等待状态，无法发挥多颗处理器协同处理的优势，从而导致程序计算效率的下降以及较差的扩展性。

对于运算量较小的程序，即使在单核 CPU 上运行的速度也很快，负载不平衡对程序的影响较小。在实际应用中，负载平衡主要针对的是大运算量和规模很大的程序，这些程序需要在多核上进行负载平衡才能较好地利用多核来提高运算性能。

对于大规模的软件，负载平衡方面采取的应对策略是发展并行块的宏观划分方法。这种任务的划分是从整个软件系统层面来进行划分，而不是像传统的针对某些局部的程序和算法来进行并行分解，这是因为局部的程序通常很难分解成几十个以上的任务来并行运行。

另外一个应对策略是在工具层面的，也就是编译工具能够协助人工进行并行块的分解，并找出良好的分解方案来，这方面已有的编译器已经作出了一些努力，但是还需要更多的努力让编译工具的功能更强大才能应对较多核数的情况。

实现负载平衡的难点如下：

（1）负载平衡的难题并不在于负载平衡的程度要达到多少。因为即使在各个 CPU 上分配的任务执行时间存在一些差距，但是随着 CPU 核数的增多总能让总的执行时间下降，从而使并行加速比随 CPU 核数的增加而增加。

（2）负载平衡的困难之处在于编程人员需要划分程序中的并行执行块。当然 CPU 核数较少时，比如双核或 4 核，这种划分并不是很困难。但随着核数的增加，划分的粒度将变得越来越细，当到了 16 核以上时，程序员可能会为如何划分任务而抓狂。比如一段顺序执行的代码，放到 128 核的 CPU 上运行，要手工划分成 128 个任务，其划分的难度可想而知。

（3）负载划分的误差会随着 CPU 核数的增加而放大，比如一个需要 16 个时间单位的程序分到 4 颗 CPU 计算环境中执行，平均每颗 CPU 的负载执行时间为 4 个时间单位，划分误差为 1 个时间单位的话，那么并行加速比变成 $16/(4+1) = 3.2$，是理想并加速比 4 的 80%。但是如果放到 16 颗 CPU 计算环境中执行，其中某个 CPU 的划分误差为 0.5 个时间单位的话，那么并行加速比变成 $16/(1+0.5) = 10.7$，是理想并行加速比 16 的 67%。如果核数继续增加，划分误差会进一步放大，并行加速比相比于理想并行加速比的比例还会下降。

（4）负载划分的难题还体现在 CPU 和软件的升级上。比如在 4 核 CPU 上的负载划分是均衡的，但到了 8 核、16 核上，负载也许又变得不均衡了。软件升级也一样，当软件增加功能后，负载平衡又会遭到破坏，又需要重新划分负载使其达到平衡，这样一来软件设计的难度和麻烦大大增加了。

通常情况下，实现负载平衡有两种方案：静态负载平衡和动态负载平衡[1]。

5.1.1　静态负载平衡

静态负载平衡是指人为地将工作区域分割成多个可并行执行的部分，并且保证这些分割后的计算任务能够均衡地分配给多个处理器运行。换言之，各个处理器能够分配到大致相等的计算工作量，进而获得高的并行加速比。

静态负载平衡的实现大致有如下算法：

（1）循环调度算法：根据预先规定的次序，逐个给线程分配计算任务；分配完的线程放在最后，为下一轮的分配提供方便。

（2）随机算法：随机地选择一个线程来执行任务。

（3）递归对分算法：不断地将计算任务分成相等的两部分，最后分配给线程。

（4）模拟退火算法：利用基于 Monte Carlo 方法的启发式随机搜索方法，来求解复杂的组合优化问题的极值。它将遵循"产生新解→计算目标函数差→接受或舍弃新解→转移重复判断"的迭代过程，采用满足迭代停止条件时的当前解作为问题的近似最优解[21]。

（5）遗传算法：通过模拟生物的遗传进化过程来优化问题。

在静态负载平衡的实现过程中，最突出的问题是无法预知程序不同部分的准确执行时间，从而无法确保程序调度的准确和合理。换言之，静态负载平衡无法保证各个处理器的执行任务所耗费的时间相同。这样，部分处理器的负载重，就会一直处于运行状态；其他负载较轻的处理器就会长时间处于空闲状态。

5.1.2　动态负载平衡

动态负载平衡是指在程序的执行过程中进行任务的动态分配从而实现负载平衡。实际的计算任务经常存在许多不确定的因素，这会导致预先设定的负载分配策略不能实现最优。例如，在一个大循环中，如果循环次数由外部输入值确定，就不能事先确定循环的次数；或者每次循环的计算量均不相同且不能事先预知。这样调度算法无法做得很优，因此采用静态负载平衡划分策略实现负载平衡是一个不可能实现的任务，这就是动态负载平衡调度方式的由来。动态负载平衡对任务的调度一般是由系统来实现的，程序员通常只能选择动态平衡的调度策略，不能修改调度策略。

一般来说，动态负载平衡的系统总体性能比静态负载平衡要好，但是系统的调度比较复杂。但是，这些复杂的调度算法一般由编译器完成，从而减轻了编程人员的工作量。通常，实现动态负载平衡有如下两种方式：

（1）集中式动态负载平衡，是指由一个特定的线程（通常是主线程）来控制任务的分配。当一个线程完成一个任务后，它再向主线程提出申请，从未完成的任务队列中获得另外一个任务，直到完成所有的任务。这种方式也称为工作池方式，主要适用于线程较少而计算负载较重的情况。集中式动态负载平衡的优点是主线程很容易知道需要终止子线程运行的时间点；它的缺点是主线程一次只能分配一个任务，而且在初始任务分配后，一次只能响应一个子线程的任务请求。其分配策略如下：先分配给线程的计算任务较大、较复杂，后分配的计算任务较小、较简单。这样，当一些线程执行这些耗时较长的任务时，其他的线程可以同时执行那些时间较短的任务。当然，这样的轻负载任务个数可以设置多一些，从而使所有线程基本处于运行状态。反之，如果先分配给线程的任务执行时间较短，那么当这些耗时短的任务执行完毕开始执行耗时长的任务时，就会出现一些线程执行时间较长的任务，而另一些线程则由于没有任务而处于空闲状态[1]。

（2）非集中式动态负载平衡，是指各个线程都能够分配任务。一个线程可以从其他线程接收任务，也可以将任务分配给其他线程。它主要适用于较多线程和细粒度计算任务的情况。这种方式有两种具体实现方法。第一种是主线程将工作池分成几个小型工作池，然后将这些小型工作池分配给几个小型线程组。在这些小型线程组中，分别有一个主线程控制一组子线程完成小型工作池中的计算任务。第二种是由一个线程组来完成工作池的任务，即直接将工作池的任务分配给各线程，由各个子线程完成计算任务的执行和分配。具体而言，当子线程的计算任务较重时，就提出任务发送请求，将部分任务分配给其他愿意接收任务的子线程；而当子线程的计算任务较轻或没有任务时，就提出任务接收请求，申请从其他子线程获取任务[1]。

5.2 依赖关系

影响程序并行执行的另一个重要因素是程序中的依赖关系。依赖关系一般有三种：循环依赖（又称数据依赖）、内存依赖和任务依赖。

5.2.1 循环依赖

在并行执行循环前，必须确定所执行的这些循环不存在循环依赖。对于不存在循环依赖的循环可以采用细粒度的向量化、较细粒度的 OpenMP 等多种方式进行并行。对于没有循环依赖的循环，将循环指标变量由递增改为递减，或将多重循环内外循环指标变量互换，计算结果均不会改变，即编译器能够以任意的次序执行迭代，都能确保并行执行结果的正确性。而如果一个循环存在循环依赖，则需要在得到前一次迭代结果的前提下才能执行循环的下一次迭代；当对具有循环依赖强行进行并行执行时将给出错误的答案。

循环内两个代码块是否存在循环依赖可以采用伯恩斯坦准则来判定。具体而言，在执行每个代码块过程中，通常要涉及输入和输出这两个变量集。如果用 I_i 表示 P_i 代码块中操作所要读取的输入变量集，用 O_i 表示要写入的输出变量集，则 P_1 和 P_2 这两个代码块能够并行执行的判定准则可表示为：

（1） $I_1 \cap O_2 = \varnothing$ ，即 P_1 的输入变量集与 P_2 的输出变量集不相交。

（2） $I_2 \cap O_1 = \varnothing$ ，即 P_2 的输入变量集与 P_1 的输出变量集不相交。

（3） $O_1 \cap O_2 = \varnothing$ ，即 P_1 和 P_2 的输出变量集不相交。

如果采用 P_1 表示当前执行的代码块，用 P_2 表示后续执行的代码块，则由读写操作造成的循环依赖的基本类型如表 5-1 所示。

表 5-1　循环依赖的基本类型

当前工作	后续工作	
	读	写
读	先读后读（无依赖）	先读后写（反依赖） $I_1 \cap O_2 \neq \varnothing$
写	先写后读（流依赖） $I_2 \cap O_1 \neq \varnothing$	先写后写（输出依赖） $O_1 \cap O_2 \neq \varnothing$

在实际的编程过程中，也可通过下述方法来简单判定循环依赖。

（1）所有变量的数据均写到截然不同的内存位置。

（2）虽然变量可以从相同内存位置读取数据，但是任何变量不能将数据写到这些位置。

（3）在循环过程中，循环指标变量采用递增或递减方式，循环的计算结果保持不变。

例如，下例就不存在循环依赖：

```
for(i =1;i<m;i++)
    a[i]=b[i-1]+b[i]+b[i+1];
```

这是因为循环的每次迭代都不依赖于其他迭代的结果。

但是在程序中不可避免地会存在各种循环依赖。例如：

```
for(i =1;i<m;i++)
    a[i]=a[i-1]+a[i]+a[i+1];
```

上述循环等价于：

当 i=1 时，执行：

```
read a[0]
read a[1]
read a[2]
write a[1]
```

当 i=2 时，执行：

```
read a[1]
read a[2]
read a[3]
write a[2]
```

如果采用的是标量循环方式，数组 a[i] 中的数据可以依次进行改写。当 i=2 时，对 a[2] 数据更新用到的 a[1] 是上一次循环 i=1 时 a[1] 的更新值。但是，在并行过程中，例如采用 2 个线程，线程 0 和线程 1 分别执行 i=1 和 i=2。需要注意的是，这 2 个线程的执行次序有先有后。如果线程 1 先于线程 0 完成，那么当线程 2 进行读取 a[1] 数据操作时，线程 1 尚未完成对 a[1] 的数据更新。这样就改变了此循环的本意。这样的循环就是存在循环依赖的循环。

循环依赖存在两种情况：同一次迭代中数据之间的依赖，不同迭代间数据的依赖。对于一部分循环依赖，编程人员可以通过重新编写循环来消除数据依赖性，使其可以并行化。在编程过程中，经常遇到的循环依赖大致可分为如下五种类型。

5.2.1.1 流依赖

流依赖，又称跨迭代的先写后读型依赖或递归依赖。它是指变量在不同循环过程中先执行写操作后执行读操作引起的交叉迭代依赖。这是因为循环中的递归要求迭代以正确顺序执行，不可以被打乱。其特点是在循环的某一次迭代中，后续迭代中使用的变量依赖于当前或以前的变量而产生的交叉迭代依赖。例如：

```
for( i = 1;i<m;i++)
    a[i]=a[i-1];
```

上述循环等价于：

```
a[1]=a[0];
a[2]=a[1];
……
```

这样，数组 a 中元素的赋值是从第 1 个元素开始，数组元素 a[i] 的值取决于它前面的元素 a[i-1]，依次向后反复进行。换言之，要产生正确的结果，迭代 i-1 必须先完成，迭代 i 才可以执行。即执行第 i-1 次迭代会影响到第 i 次迭代的结果，这就是迭代 i 对迭代 i-1 的依赖。

部分流依赖循环可以通过重构方法来消除依赖关系。例如：

```
for( i = 1;i<m;i++)
{
    b[i]=b[i]+a[i-1];
    a[i]=a[i]+c[i];
}
```

可以改写为：

```
b[1]=b[1]+a[0];
for( i = 1;i<m-1;i++)
{
    a[i]=a[i]+c[i];
    b[i+1]=b[i+1]+a[i];
}
a[m]=a[m]+c[m];
```

5.2.1.2　反依赖

反依赖，又称为跨迭代的先读后写型依赖。它是指变量在不同循环过程中先执行读操作后执行写操作引起的交叉依赖。例如：

```
for( i = 1;i<m;i++)
    a[i]=a[i+1];
```

上述循环等价于：

```
a[1] = a[2];
a[2] = a[3];
……
```

这样，要产生正确的结果，计算数组元素 a[i] 的值时必须保证它后面的元素 a[i+1] 不被修改。换言之，执行第 i+1 次迭代会影响到第 i 次迭代的结果，这就是迭代 i+1 对 i 的依赖。

对待反依赖，可以引入一个临时数组 a_old 对引起反依赖关系 a[i+1] 做一个数据备份，就能够解决先读后写的反依赖关系。相应的解决方案如下：

```
for( i = 1; i<m; i++)
    a_old[i] = a[i];

for( i = 1; i<m; i++)
    a[i] = a_old[i+1];
```

5.2.1.3 输出依赖

输出依赖又称为跨迭代的写相关依赖，简称写依赖。它是指变量在不同循环过程中先执行写操作后再次执行写操作引起的交叉依赖。例如：

```
for( i = 1; i<m; i++)
{
    a[i] = b[i];
    a[i+1] = c[i];
}
```

上述循环等价于：

```
a[1] = b[1];
a[2] = c[1];
a[2] = b[2];
a[3] = c[2];
……
```

这样，当进行第 i 次迭代时，更新了数组元素 a[i] 和 a[i+1] 的值；而进行第 i+1 次迭代时，更新了数组元素 a[i+1] 和 a[i+2] 的值。即数组的下标值的重复造成了数组 a 中的元素被覆盖。在串行情况下，最后存储的是最终值；而在并行情况下，执行顺序是不确定的。由于数组 a 中元素的值（旧的或更新后的）依赖于顺序，因此此循环不能并行。

部分输出依赖循环可以通过引入临时变量来消除依赖关系。例如：

```
for( i = 1; i<m; i++)
{
    a[i] = b[i] + 1;
    a[i] = c[i] + 2;
}
```

对待此类输出依赖，可以引入一个临时数组 a_ old 对引起输出依赖关系 a［i］做一个数据备份，就解决先写后写的输出依赖关系，从而实现以任何顺序执行这两条语句。相应的解决方案如下：

```
for(i =1;i<m;i++)
{
    a_old[i]=b[i]+1;
    a[i]=c[i]+2;
}
```

5.2.1.4　规约依赖

约简操作是将数组元素缩减成单个值的操作。例如，在对数组元素求和并将求和结果送入单个变量时，需要在每次迭代时更新该变量：

```
for(i =1;i<m;i++)
    sum=sum+a[i];
```

对于变量 sum 而言，它实际上存在流依赖、反依赖和输出依赖这三种循环依赖形式。

如果以并行方式运行该循环，则每个处理器均能取得此迭代的一些子集。如果每个处理器都对变量 sum 进行写操作，则这些处理器就会相互干扰。为了产生正确的结果，可以将各处理器求和的结果，暂时保存在一个独自的缓存中。在求和工作全部完成后，再对各自保存的 sum 进行求和，从而可以实现并行。这就是 OpenMP 中指令 reduction 的工作原理。

需要指出的是，并不是所有的依赖都能被消除的；当前迭代需要上一次迭代生成的数据时，很难进行并行化。在实际应用过程中，可以采用反转循环的顺序的方法对循环依赖进行简单测试，这是一个判断循环依赖的充分条件。例如：对于下面循环

```
for(i =1;i<m;i++)
{
    循环体
}
```

如果它的结果与反转后的循环

```
for(i =m-1;i>0;i--)
{
    循环体
}
```

的结果不相同，那么该循环一定是存在循环依赖的循环。

但是，如果循环结果与反转后的循环结果相同是循环不存在循环依赖的必要条件，而不是充分条件。例如，规约依赖就是一个循环结果和反转循环结果相同的循环依赖的例子。

5.2.2 内存依赖

内存依赖是指对同一内存位置的访问必须进行排序。采用不同的顺序访问同一内存位置会得到不同的结果。下面的代码给出了一个常见的例子。

```cpp
/* File:md. cpp */
/* program:memory_dependency */
#include<stdio. h>
#include<omp. h>
int value = 0;
void a( )
{
    value = 1;
    return;
}

void b( )
{
    value = value +10;
    return;
}

int main( )
{
    printf( "begin:value = %d\n" ,value);
    #pragma omp parallel sections
    {
        #pragma omp section
        {
            a( );
            printf( "a:value = %d\n" ,value);
        }

        #pragma omp section
        {
            b( );
            printf( "b:value = %d\n" ,value);
        }
    }

    printf( "end:value = %d\n" ,value);
    return 0;
}
```

执行上述代码后，几种可能的运行结果如下：

```
begin: value = 0
b: value = 11
a: value = 1
end: value = 11
```

或

```
begin: value = 0
b: value = 10
a: value = 1
end: value = 1
```

或

```
begin: value = 0
a: value = 1
b: value = 10
end: value = 10
```

从程序和输出结果可以看出，上述程序具有如下特点：

（1）全局变量 value 的初始值为 0。

（2）函数 a( ) 要对变量 value 进行写操作，value = 1；函数 b( ) 也要对变量 value 进行写操作，value = 11。

（3）在并行区域，全局变量 value 被默认为共享变量，并且采用不同的线程分别执行函数 a( ) 和 b( )。在并行区域结束处，变量 value 的值取决于函数的执行顺序。如果先执行函数 a( ) 再执行函数 b( )，那么 value 的值为 11；如果以相反的顺序执行，那么 value 的值为 1。因此，对于内存依赖情况，必须以正确的顺序执行操作才能得到正确的结果。

5.2.3　任务依赖

在某些情况下，不同的任务之间也会存在明确的潜在依赖关系。对于存在依赖关系的两个任务，无法通过传统的并行方法将工作分配给两个线程。在某些情况下，这样的任务依赖可以通过执行一些不必要的工作来实现一定程序的并行化。下面给出一段存在任务依赖关系的代码。

```
int process(int a, int b)
{
    int c = firsttask(a, b);
    if(c > c0)
    {
        return c + secondtask(a, b);
    }
    else
```

```
            {
                return c;
            }
        }
    }
```

上例具有如下特点:

（1）第一个任务 firsttask 是必须执行的任务，第二个任务 secondtask 是可能执行的任务。

（2）在第一个任务 firsttask 完成前，无法确定是否需要执行第二个任务 secondtask。如果第一个任务计算需要 t1 秒，第二个任务计算需要 t2 秒，同时假设实际需要计算第二个任务的概率是 P，那么串行计算的总运行时间是 t1+t2 * P。

如果我们在执行第一个任务 firsttask 的同时，执行第二个任务 secondtask，然后根据第一个任务 firsttask 的返回值来决定是使用还是放弃第二个任务 secondtask 的返回值。并行化的代码如下。

```
int process( int a, int b)
{
    int c1, c2;
    #pragma omp parallel sections
    {
        #pragma omp section
        {
            c1 = firsttask( a, b);
        }
        #pragma omp section
        {
            c2 = secondtask( a, b);
        }
    }

    if( c1 > c0)
    {
        return c1+c2;
    }
    else
    {
        return c1;
    }
}
```

上例具有如下特点:

（1）并行指令#pragma omp parallel sections 要求下面的代码块将被并行执行。

（2）在第一个任务 firsttask 和第二个任务 secondtask 前的#pragma omp section 指令要求

这两个任务将被并行执行。对于并行代码，如果这两个任务的计算时间与串行代码计算时间相等，同时运行第二个任务结果的概率也保持不变，假设同步开销时间为 R，那么并行代码运行时间为 R+max（t1+t2）。

（3）代码的并行运行版本比串行版本的速度快需满足 R+max（t1+t2）<t1+t2 * P。

5.3 指 令 for

循环的并行化在 OpenMP 程序中是一个相对独立并且十分重要的组成部分。OpenMP 提供了编译指导语句#pragma omp for 来对循环结构进行并行处理。这个指令可以用于大部分的循环结构，它也是 OpenMP 中使用最多和最频繁的指令。

指令 for 表明接下来的循环将被并行执行。前提是此并行区域已经被指令 parallel 初始化，否则以串行的方式执行。指令 for 要求线程组共享循环中的计数器，这是一种"数据并行处理"，如图 5-2 所示。其工作流程如下：

（1）利用指令 parallel 将 N 次循环置于并行区域内。

（2）利用指令 for 将 N 次循环的任务分配，即将这 N 次循环的计算工作量进行任务划分。

（3）让每个线程各自负责其中的一部分循环工作，因此必须保证每次循环之间数据的相互独立性。

指令 for 的语法格式如下：

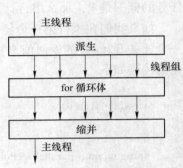

图 5-2 在 for 结构内的执行过程

```
#pragma omp for［子句...］
        schedule(类型［,循环迭代次数］)
        ordered
        private(变量列表)
        firstprivate(变量列表)
        lastprivate(变量列表)
        shared(变量列表)
        reduction(运算符:变量列表)
        collapse(n)
        nowait
｛
    循环体
｝
```

方括号［］表示可选项。其中，子句 schedule 用于设置循环迭代次数的分配策略；子句 ordered 指定循环以串行的方式执行。如果使用 nowait，则线程组中的线程在并行执行完循环后不进行同步；如果没有 nowait 指令，则线程组中的线程在并行执行完循环后须进行同步。循环合并子句 collapse 是在 OpenMP 3.0 新增子句。参数 n 是一个正的整数，用于指定在一个嵌套循环中的 n 重嵌套循环被合并成一个更大的循环空间并根据 schedule 子句来划分循环迭代次数。

在指令 for 的使用过程中，应注意以下事项：

（1）在指令 for 之后必须是 for 循环体，并且此 for 循环体必须位于#pragma omp parallel 初始化的并行区域。在 for 循环结束后，并行执行在紧接着#pragma omp parallel for 指令后的 for 循环末尾结束。

（2）循环 while 结构或者没有循环指标变量的循环不能采用 for 指令进行并行。

（3）并行程序的正确性不取决于特定线程执行了特定的迭代。

（4）循环指标变量必须为带符号整数型。对于所有的线程，循环控制参数都是相同的。

（5）循环步长必须进行整数加运算或者整数减运算，且加减的数值必须是一个循环不变量。

（6）循环必须是单入口、单出口。循环内部不允许出现能够到达循环之外的跳转语句，除非使用 exit 语句来终止整个应用；也不允许有外部的跳转语句到达循环内部 [3，10]。如果使用 goto 或 break 语句，则它们必须在循环内部，而非外部进行跳跃。这同样适用于异常处理；但异常情况必须控制在循环内部。

（7）如果不特别声明，并行区域内变量都是默认公有的。但是只有一个例外，循环指标变量默认是私有的，无需另外声明。

（8）子句 ordered、collapse 和 schedule 只能出现一次。

（9）对于嵌套循环，在不存在数据竞争的情况下，尽量对最外面的循环指标变量进行并行化处理。这是因为完成这样一个嵌套循环只需建立一次线程组，从而节省了线程调度的时间消耗。

（10）由于 for 指令在大多数情况下与一个独立的 parallel 指令一起使用。因此，OpenMP 提供了一个复合指令 parallel for 来方便编程人员的编程。

（11）如果没有 collapse 子句，则 for 指令仅作用于与其最邻近的 for 循环。

（12）并不是所有的循环都需要用#pragma omp for 进行并行化。当循环的计算量非常小时，如果采用并行处理，线程的调度所需要的时间消耗甚至大于计算本身的时间消耗，从而得不偿失。

（13）并不是所有的循环都可以用#pragma omp for 进行并行化。在对循环进行并行化操作前，必须保证数据在两次循环之间不存在数据相关性（循环依赖性或数据竞争）。当两个线程同时对一个变量进行操作且其中一个操作是写操作时，这两个线程就存在数据竞争关系。此时，读出的数据不一定就是前一次写操作的数据，而写入的数据也可能不是程序所需要的。

例如，在下面的循环体内就存在数据竞争情况。

```
for(i=0;i < 100;i++)
        a[i]=a[i]+a[i+1];
```

指令 parallel 和指令 parallel for 均可应用于循环区域，但是它们的作用具有明显的差异，详见表 5-2。

表 5-2 指令 parallel 和指令 parallel for 的差异

指令	parallel	parallel for
对象	并行区域，包含 for 循环区域	仅限于 for 循环区域
执行方式	复制执行方式。即线程组内所有线程均执行一遍并行区域内的代码。所有子线程的工作量的总和除以原来串行时的工作量等于线程组中子线程的数量	工作分配执行方式。即将循环的所有工作分配给不同的子线程中执行，所有子线程的工作量的总和等于原来串行时的工作量

5.3.1 单重循环

如果循环中不存在循环依赖，那么可以采用指令 for 对此循环进行并行。下面举一个例子说明采用指令 for 来实现数组相加运算的并行。

```cpp
/*  File:fap. cpp   */
/*  program:for_array_plus   */
#include<stdio. h>
#include<omp. h>
int main( )
{
    int nthreads,tid,i;
    int a[10],b[10],c[10];
    omp_set_num_threads(3);
    for(i=0;i<10;i++)
    {
        a[i]=10*(i+1);
        b[i]=i+1;
        tid=omp_get_thread_num();
        nthreads=omp_get_num_threads();
        printf("nthreads=%d,tid=%d,a[%d]=%d\n",nthreads,tid,i,a[i]);
    }
    printf("------before parallel\n");
    printf("\n");

    #pragma omp parallel private(tid,nthreads)shared(a,b,c)
    {
        #pragma omp for
        for(i=0;i<10;i++)
        {
            tid=omp_get_thread_num();
            nthreads=omp_get_num_threads();
            c[i]=a[i]+b[i];
            printf("nthreads=%d,tid=%d,c[%d]=%d\n",nthreads,tid,i,c[i]);
        }
    }
```

```
        printf(" \n");
        printf("------after parallel\n");
        tid = omp_get_thread_num();
        nthreads = omp_get_num_threads();
        printf("nthreads = %d, tid = %d\n", nthreads, tid);

        return 0;
}
```

执行上述代码后，运行结果如下：

```
nthreads = 1, tid = 0, a[0] = 10
nthreads = 1, tid = 0, a[1] = 20
nthreads = 1, tid = 0, a[2] = 30
nthreads = 1, tid = 0, a[3] = 40
nthreads = 1, tid = 0, a[4] = 50
nthreads = 1, tid = 0, a[5] = 60
nthreads = 1, tid = 0, a[6] = 70
nthreads = 1, tid = 0, a[7] = 80
nthreads = 1, tid = 0, a[8] = 90
nthreads = 1, tid = 0, a[9] = 100
------before parallel

nthreads = 3, tid = 0, c[0] = 11
nthreads = 3, tid = 0, c[1] = 22
nthreads = 3, tid = 0, c[2] = 33
nthreads = 3, tid = 0, c[3] = 44
nthreads = 3, tid = 2, c[7] = 88
nthreads = 3, tid = 2, c[8] = 99
nthreads = 3, tid = 2, c[9] = 110
nthreads = 3, tid = 1, c[4] = 55
nthreads = 3, tid = 1, c[5] = 66
nthreads = 3, tid = 1, c[6] = 77


------after parallel
nthreads = 1, tid = 0
```

从程序和输出结果可以看出，上述程序具有如下特点：

（1）在对数组 a 和 b 的赋值循环中，由于未使用#pragma omp for 指令，因此赋值循环全部由主线程 0 执行，并没有实现并行。

（2）图 5-3 给出了利用#pragma omp for 指令实现循环并行的过程。实际过程如下：如果要将一个 for 循环的工作量（例如：i = 1~10）分配给不同线程，那么 for 循环必须位于并行区域中且在 for 循环体前增加#pragma omp for 指令。这样就能实现对循环工作量的划分和分配。上面例子中循环指标变量（i = 1~10）的工作量基本均匀地分配给了 3 个线程：

主线程 0 负责（i=0~3），子线程 1 负责（i=4~6），子线程 2 负责（i=7~9）。当 3 个线程都完成了各自的工作后，程序才能继续往下执行。

（3）在对循环进行并行时，变量 tid 和 nthreads 被显式定义成私有变量，循环指标变量 i 通常被默认为私有变量，数组 a，b 和 c 被显式定义为共享变量。

（4）并行区结束后，程序重新由主线程 0 串行执行。

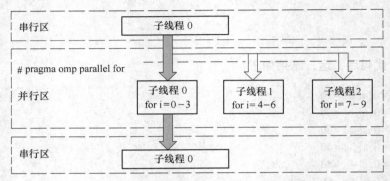

图 5-3   程序 fap. cpp 的并行执行过程

5.3.2   嵌套循环

嵌套循环（或多重循环），是指在一个循环体内包含有另外的循环体。OpenMP 可以对嵌套循环内的任意一个循环体进行并行化。具体操作为将编译指导语句 parallel for 置于这个循环之前，就可实现对最近的循环语句进行并行化，而其他部分保持不变[3]。最简单的嵌套循环是两重循环。

下面举一个例子实现对两重循环中的外部循环的循环指标 j 进行并行。

```
/ *  File:dfapli. cpp    * /
/ *  program:double_for_array_plus_loop_i   * /
#include<stdio. h>
#include<omp. h>
int main( )
{
    int nthreads,tid,i,j;
    int a[3][3],b[3][3],c[3][3];
    omp_set_num_threads(3);
    printf("nthreads  tid  i   j   c[i][j]\n");

    #pragma omp parallel for private(i,j,tid,nthreads)shared(a,b,c)
    for(i=0;i<3;i++)
    {
        for(j=0;j<3;j++)
        {
            a[i][j]=(i+1)+(j+1);
            b[i][j]=(i+j+2) * 10;
```

```
                c[i][j]=a[i][j]+b[i][j];
                tid=omp_get_thread_num();
                nthreads=omp_get_num_threads();
                printf("  %d  %d  %d   %d  %d\n",nthreads,tid,i,j,c[i][j]);
            }
        printf("--------------\n");
        }
    return 0;
}
```

执行上述代码后，运行结果如下：

```
nthreads   tid   i   j   c[i][j]
   3        1    1   0    33
   3        1    1   1    44
   3        1    1   2    55
--------------
   3        0    0   0    22
   3        0    0   1    33
   3        0    0   2    44
--------------
   3        2    2   0    44
   3        2    2   1    55
   3        2    2   2    66
--------------
```

从程序和输出结果可以看出，上述程序具有如下特点：

（1）指令#pragma omp parallel for 是指令#pragma omp parallel 和指令#pragma omp for 的缩写。它们是等价的。

（2）程序通过函数 omp_set_num_threads(3) 设置了并行线程数量为 3，并且两个循环指标变量 i 和 j 均被定义为私有变量。由于循环并行指导语句#pragma omp parallel for 位于外部循环（循环指标变量 j）的上部，所以对外部循环进行并行执行。

（3）外循环指标变量（j=1~3）被分割为三个部分：主线程 0 负责 i=0，子线程 1 负责 i=1，子线程 2 负责 i=2，但这三个线程各自完成了一次完整的内循环（j=0~2）。因此，外循环区域是并行区域，仅被创建和并行执行一次。

为了对循环进行并行化，需要仔细检查程序，保证并行化的线程之间不出现数据竞争。如果出现数据竞争，可以通过增加适当的同步操作，或者通过程序改写来消除这种数据竞争。下面给出了一个存在数据竞争的嵌套循环例子。

```
for(i=1;i<m;i++)
for(j=1;j<n;j++)
    c[i][j]=c[i][j-1]+c[i][j+1];
```

分析表明，在内部循环中，第 j 次循环的结果依赖于第 j-1 次和第 j+1 次的循环结果，但是 i 的值却是固定的。因此，如果调整循环的次序，就可以消除内部循环中的数据竞争，从而实现内部循环的并行性。

```
for(j =1;j<n,j++)
    #pragma omp parallel for private(i)shared(c)
    for(i =1;i<m;i++)
        c[i][j]=c[i][j−1]+c[i][j+1];
```

5.3.3 循环工作量的划分与调度

前面在使用工作量共享这种方式的时候，工作量是自动划分好并分配给各个线程的。在 OpenMP 中，工作量的划分与调度是通过子句 schedule 来实现。任务调度的方式直接影响程序的效率，这主要体现在两个方面：一个是任务的均衡，另一个是循环体内数据访问顺序与相应的高速缓存（cache）的冲突。

循环体任务的调试基本原则：

（1）分解代价低，分解方法要快速，尽量减少分解任务而产生的额外开销。

（2）任务计算量要均衡。

（3）尽量避免 cache 冲突。即尽可能地避免 cache 行竞争和 cache 的乒乓效应，提高 cache 命中率。

目前，常用的调度类型有四种调度参数（第 1 类调度参数）：静态调度（static），动态调度（dynamic），指导性调度（guided）和运行调度（runtime）。另外，OpenMP4.5 又增加了三种调度参数（第 2 类调度参数）：单调（monotonic），非单调（monotonic）和向量化（simd）。这三个调度参数含义是：

（1）monotonic：每个线程以递增的迭代顺序执行结构块。

（2）nonmonotonic：每个线程以未指定的顺序执行结构块。

（3）simd：如果循环是一个 simd 循环，那么编译器将根据硬件条件决定最适合向量化的调度方式。非 SIMD 循环可忽略此调度参数。

循环调度的语法格式如下：

```
schedule(第 1 类修饰符,第 2 类修饰符:size)
```

其中，size 是循环迭代次数。静态（static）、动态（dynamic）和指导性（guided）这三种调度方式均可以使用 size 参数，也可以不使用。

循环调度的常见用法见表 5-3。

表 5-3　循环在线程中 schedule 调度方式

调度方式	表达方式	任务块大小	块分配方式	含 义
静态调度	schedule （static，size）	不变，由参数 size 确定	静态	静态调度方式将所有的循环迭代划分为大小相等的块，或在循环迭代次数不能整除线程数量与块大小乘积时划分尽可能大小相等的块。如果没有指定块的大小，迭代的划分将尽可能地均匀，从而使每个线程都能分得一块

调度方式	表达方式	任务块大小	块分配方式	含 义
动态调度	schedule（dynamic，size）	不变，由参数 size 确定	动态	动态调度方式使用了一个内部任务队列。当某个线程可用时，为其分配由块大小所指定的一定数量的循环迭代。当线程完成其当前所分配的块后，从任务队列头部取出下一组迭代。需要指出的是，使用动态调度模式需要额外的开销
指导性调度	schedule（guided，size）	可变，最大不超过参数 size	动态	与动态调度方式相类似，但是块大小开始比较大，后来逐渐减小，从而减小了线程访问队列的时间
运行时调度	schedule（runtime）	无此参数	具体调度方式在运行时才能确定	在运行时，使用 OMP_SCHEDULE 环境变量来确定使用上述调度方式中的一种

　　采用 OpenMP 能高效地对循环、区域、结构化块进行并行化，并且线程开销很小。表 5-4 给出了 OpenMP 子句采用 Intel 编译器进行编译后，在一个四核主频为 3GHz 的 Intel Xeon 处理器上运行的开销。可以看出，除 schedule（dynamic）子句用了 50ms 外，大多数子句的开销都很小。但值得注意的是，这个测试值会随处理器的不同和操作系统的改变而有所差异。

表 5-4　OpenMP 结构和子句的开销[22]

结 构	开销（单位：ms）	扩展性
parallel	1.5	线性
barrier	1.0	线性或 O(log(n))
schedule(static)	1.0	线性
schedule(dynamic)	50.0	由竞争程度决定
schedule(guided)	6.0	由竞争程度决定

5.3.3.1　静态调度

　　如果指令 for 不带子句 schedule，那么大多数系统会默认采用静态调度方式进行调度。这种调度方式非常简单，一般用于可以预知的等量任务的划分。其基本思想如下：假设循环迭代的总次数为 n，并行区域内线程总数为 p。当不使用 size 参数时，分配给每个线程约 n/p 次连续的迭代。如果 n/p 不是整数，那么线程实际分配的迭代次数存在差 1 的情况。如果使用 size 参数，则分配给每个线程 size 次连续的循环迭代。这样，总工作量大约被划分成了 n/size 块，然后将这些块按照轮转法则依次分配给各个线程。

　　下面举一个例子说明指令 parallel for 的静态调度用法。

```
/* File:fss.cpp */
/* program:for_schedule_static */
#include<stdio.h>
#include<omp.h>
int main()
```

```
{
    int nthreads,tid,i;
    omp_set_num_threads(2);

    printf("for schedule(static)\n");
    #pragma omp parallel for private(i) schedule(static)
    for(i=0;i<10;i++)
    {
        tid=omp_get_thread_num();
        nthreads=omp_get_num_threads();
        printf("nthreads=%d,id=%d,i=%d\n",nthreads,tid,i);
    }
    printf("\n");

    printf("for schedule(static,2)\n");
    #pragma omp parallel for private(i) schedule(static,2)
    for(i=0;i<10;i++)
    {
        tid=omp_get_thread_num();
        nthreads=omp_get_num_threads();
        printf("nthreads=%d,id=%d,i=%d\n",nthreads,tid,i);
    }

    return 0;
}
```

执行上述代码后，运行结果如下：

```
for schedule(static)
nthreads=2,id=0,i=0
nthreads=2,id=0,i=1
nthreads=2,id=0,i=2
nthreads=2,id=0,i=3
nthreads=2,id=0,i=4
nthreads=2,id=1,i=5
nthreads=2,id=1,i=6
nthreads=2,id=1,i=7
nthreads=2,id=1,i=8
nthreads=2,id=1,i=9

for schedule(static,2)
nthreads=2,id=0,i=0
nthreads=2,id=0,i=1
nthreads=2,id=0,i=4
```

```
nthreads = 2,id = 0,i = 5
nthreads = 2,id = 0,i = 8
nthreads = 2,id = 0,i = 9
nthreads = 2,id = 1,i = 2
nthreads = 2,id = 1,i = 3
nthreads = 2,id = 1,i = 6
nthreads = 2,id = 1,i = 7
```

从程序和输出结果可以看出，上述程序具有如下特点：

（1）采用不带 size 参数的静态分配时，线程 0 负责 5 个连续的循环 i = 0~4，线程 1 负责 5 个连续的循环 i = 5~9。

（2）采用带 size = 2 参数的静态分配时，每次分配给线程的 2 个连续的循环。线程 0 分 3 次获得 2 个连续的循环 i = 0，1，4，5，8，9；线程 1 分 2 次获得 2 个连续的循环 i = 2，3，6，7。

5.3.3.2　动态调度

动态调度是动态地将计算任务分配给各个线程。具体而言，动态调度将迭代块放置到一个内部队列中。在调度过程中，采用先来先服务的方式将任务分配给各线程：当某个线程空闲时，就给它分配一个循环块。这样，执行速度较快的线程申请任务的次数就会大于执行速度较慢的线程。因此，动态调度可以较好地解决静态调度所引起的负载不平衡问题，它一般应用在不可预知的执行时间易变的任务划分。动态调度 dynamic 可以有一个 size 参数，参数 size 表示在每次执行完（空闲）后线程再次所分得的迭代数量；如果没有给出 size（例如本程序），那么每次就给线程分配一个迭代。综上，动态策略能够在一定程度上保证线程组的负载平衡，但是动态策略需要额外的开销，不能达到最佳性能。

动态调度迭代的分配是根据实际运行状态动态确定的，动态分配的结果是无法事先知道的。例如，在没有 size 参数的 dynamic 调度的情况下，每个线程按先执行完先分配的方式执行 1 次循环。刚开始，线程 1 先启动，那么会为线程 1 分配一次循环开始去执行（i = 0 的迭代）；然后，可能线程 2 启动了，那么为线程 2 分配一次循环去执行（i = 1 的迭代）；假设这时候线程 0 和线程 3 没有启动，而线程 1 的迭代已经执行完，可能会继续为线程 1 分配一次迭代；如果线程 0 或 3 先启动了，可能会为它们各分配一次迭代，直到把所有的迭代分配完。因为编程人员无法预先知道哪一个线程会先启动，哪一个线程执行某一个迭代需要多长时间等，这些情况都是取决于系统的资源、线程的调度等。因此无法事先预料在哪个线程上将会运行哪些迭代。

下面举例说明动态调度用法。

```
/*  File:fsd.cpp  */
/*  program:for_schedule_dynamic  */
#include<stdio.h>
#include<omp.h>
#define m 4*3
int main()
```

```
{
    omp_set_num_threads(3);
    #pragma omp parallel for schedule(dynamic)
    for(int i = 0;i <m;i++)
    {
        printf("tid = %d,      i = %d\n",omp_get_thread_num(),i);
    }

    return 0;
}
```

多次执行上述代码后，运行结果如下：

```
tid=0,     i=0
tid=0,     i=3
tid=0,     i=4
tid=0,     i=5
tid=0,     i=6
tid=0,     i=7
tid=0,     i=8
tid=0,     i=9
tid=0,     i=10
tid=0,     i=11
tid=2,     i=1
tid=1,     i=2
```

或

```
tid=1,     i=0
tid=1,     i=3
tid=1,     i=4
tid=1,     i=5
tid=1,     i=6
tid=1,     i=7
tid=1,     i=8
tid=1,     i=9
tid=1,     i=10
tid=1,     i=11
tid=2,     i=2
tid=0,     i=1
```

或

```
tid=2,     i=0
tid=2,     i=3
```

tid = 2,	i = 4
tid = 2,	i = 5
tid = 2,	i = 6
tid = 2,	i = 7
tid = 2,	i = 8
tid = 2,	i = 9
tid = 2,	i = 10
tid = 2,	i = 11
tid = 1,	i = 2
tid = 0,	i = 1

从程序和输出结果可以看出，上述程序具有如下特点：

（1）在这三次结果中，各线程分配的任务极不平均。其中一个线程执行了 10 次迭代，另外两个线程只执行了 1 次迭代。在这三次结果中，执行 10 次迭代的线程号是不相同的。但是执行大多数任务的线程首先执行打印语句，这可能取决于编译系统。

（2）在并行区域开始处，首先执行任务的不一定是主线程。在本例中，线程 0、1 和 2 均可以最先启动。

（3）以结果 2 为例进行分析，线程 1 执行了 10 次迭代 i=0，3~11；线程 0 只执行了 1 次迭代 i=0。线程 1 首先打印计算结果，其次是线程 2，最后是线程 0。

5.3.3.3 指导性调度

指导性调度方式是一种动态方式。它通过应用指导性的启发式自调用方法，从而有效地减少调度开销。其基本思想是：开始时分配给每个线程比较大的迭代块，然后随着剩余工作量的减小，迭代块的大小会按指数级下降到指定的 size 块。如果没有设定 size 块，则迭代块最小可以降为 1。

5.3.3.4 运行时调度

运行时调度并不是和前面三种调度方式相似的真正调度方式，它是在运行过程中根据环境变量 OMP_SCHEDULE 来确定调度的类型。运行时调度的实现仍然是上述三种调度方式中的一种。

5.3.3.5 调度方式评价

为了说明 3 种调度方式的区别，图 5-4 以 4 个线程执行 400 次迭代为例进行说明。

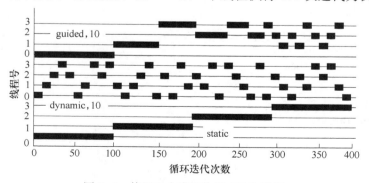

图 5-4 使用 4 个线程执行 400 次迭代

使用静态调度 schedule(static) 时,线程在开始时就确定了各自迭代的次数(默认值是拆分为相等的迭代次数,本例为 100 次迭代),在完成自己的任务后应在屏障处等待,直至其他各线程都完成各自的任务。因此,并行区域不存在线程之间的同步。

使用动态调度 schedule(dynamic,10) 时,线程每次完成一个比总迭代次数中份额小很多(本例迭代次数为 10)的工作块。每个线程在完成此工作块后,再获取下一个工作块。所有的线程必须合作才能确定哪个线程获得下一个工作块,因此每次获取工作块是一个潜在的串行点。这样,动态调度的运行开销取决于两个因素:获取新工作块的次数和获取工作块时线程间的通信开销。

使用指导调度 schedule(guided,10) 时,分配的迭代次数与剩余的迭代次数成比例。因此,开始时线程分配到较多的迭代次数(本例初始迭代次数为 100),但随后会分配较少的迭代次数(本例最小迭代次数为 10),直到所有的迭代任务完成。

在实际的并行计算中,循环内部的计算量常常是不相等的。如果简单地给各线程分配相同次数的迭代,容易造成各线程实际计算量的不均衡。这样,由于各线程的计算负载不相同,会导致线程组中子线程不能同时执行完毕。换言之,某些子线程会处于闲置状态,从而延长了计算时间。例如计算以下循环:

```
for( int i = 0;i <m;i++)
    for( int j = i;j <=n;j++)
        a=i*j
```

如果将最外层循环进行并行,当 m = 10000,n = 10000 时使用 2 个线程,那么每个线程平均分配 5000 次循环迭代。但是当 i = 1 和 i = 10000 时的计算量却相差 10000 倍,这导致各线程间会出现较大的计算负载不平衡。在不设置 size 参数情况下,分析各种调度方式的时间消耗的计算程序代码如下。

```
/*   File:fs. cpp   */
/*   program:for_schedule   */
#include<stdio. h>
#include<omp. h>
int main( )
{
    int nthreads,tid;
    long int i,j;
    long int max = 100000;
    double starttime,endtime,time;
    double a,b,c;

    omp_set_num_threads(8);
    a=0. 0;
    b=0. 0;
    c=0. 0;
```

```
#pragma omp parallel private(i,j) default(shared)
{
    starttime = omp_get_wtime();
    #pragma omp for reduction(+:a) schedule(static)
    for(i=1;i<max;i++)
    for(j=i;j<max;j++)
        a=a+double(i+j)/double(i*j);
    endtime = omp_get_wtime();
    time = (endtime−starttime) * 1000.;
    #pragma omp single
    printf("static schedule time=%fl3.5  milleseconds a=%f\n",time,a);

    starttime = omp_get_wtime();
    #pragma omp for reduction(+:b) schedule(dynamic)
    for(i=1;i<max;i++)
    for(j=i;j<max;j++)
        b=b+double(i+j)/double(i*j);
    endtime = omp_get_wtime();
    time = (endtime−starttime) * 1000.;
    #pragma omp single
    printf("dynamic schedule time=%fl3.5  milleseconds b=%f\n",time,b);

    starttime = omp_get_wtime();
    #pragma omp for reduction(+:c) schedule(guided)
    for(i=1;i<max;i++)
    for(j=i;j<max;j++)
        c=c+double(i+j)/double(i*j);
    endtime = omp_get_wtime();
    time = (endtime−starttime) * 1000.;
    #pragma omp single
    printf("guided schedule time=%fl3.5  milleseconds c=%f\n",time,c);
}
return 0;
}
```

执行上述代码后，运行结果如下：

```
static schedule time=42080.32636ll3.5  milleseconds a=1209013.612990
dynamic schedule time=5655.29034ll3.5  milleseconds b=1209013.612988
guided schedule time=10597.60770ll3.5  milleseconds c=1209013.612990
```

上述程序在不同的机器、不同的系统下执行时间会有所差异。从程序和输出结果可以看出，上述程序具有如下特点：

（1）合适的 size 参数必须在大量的计算中才能得到确定。由于大多数编程人员在设置这一参数时存在较大困难，因此通常不对这一参数进行指定。这样，当计算负载不平衡的循环时，静态调度 static 耗时最长，动态调度 dynamic 和指导性调度 guided 耗时较短，因此建议使用动态调度 dynamic 和指导性调度 guided 进行负载不平衡的循环计算。

（2）函数 omp_get_wtime() 用来得到时钟运行的时间，单位为 s，返回值是双精度实数。在本例中，调用了两次时间库函数 omp_get_wtime()，通过计算它们的差可以得到从第一个时间库函数运行到第二个时间库函数所耗费的时间。

（3）在实际应用中，经常用到单精度实数 float 和双精度实数 double。其中单精度数的表示范围为 10E-37 到 10E37，有效数字是 6 位。双精度实数的表示范围为 10E-307 到 10E307，有效数字是 15 位。在实际计算过程中，为了减小舍入误差，建议将程序中的实数均定义为双精度实数。

（4）在程序中出现了两种整数定义：int 和 long int。其中，int 定义的整型变量为 16 位（2 个字节）的数值形式，其范围为-32，768(-2 * * 15) 到 32，767(2 * * 15-1) 之间；而 long int 定义的变量为 32 位（4 个字节）的数值形式，其范围从-2，147，483，648(-2 * * 31) 到 2，147，483，647(2 * * 31-1)。

（5）利用函数 omp_set_num_threads(8) 定义了 8 个线程，但在实际打印输出中，仅需要 1 个线程执行打印输出即可，因此使用了指令 single。

总体来看，静态调度比较适合每次迭代的计算量相近（主要指工作所需时间基本相等）的情况。它的特点是各线程任务明确，在任务分配时无需同步操作，但是运行快的线程需要等待运行慢的线程。动态调度和指导性调度是当每一次迭代的工作量不同时或者处理器的执行速度不同时比较完善的调度机制。使用静态调度是无法达到这样的迭代负载平衡的，动态调度和指导性调度则通过它们非常自然的工作自动地平衡迭代负载。动态调度比较适用于任务数量可变或不确定的情形。其特点是各线程将要执行的任务不可预见。此类方式的任务分配需要同步操作。指导性调度与动态调度相类似，但是队列相关的调度开销会比动态方式小，从而具有更好的性能。

5.3.4　子句 collapse

子句 collapse 只能用于一个嵌套循环。它是在不使用嵌套并行的情况下，对多重循环进行并行执行。具体而言，子句 collapse 将一个多重层循环进行合并后展开为一个更大的循环，从而增加将在线程组上进行划分调度的循环总数。所有相关循环中的循环执行顺序决定了展开的循环空间中循环执行的顺序。

子句 collapse 的语法格式如下：

```
collapse(n)
```

其中，参数 n 是一个整数。它是指与 collapse 最相邻的外部循环开始展开的循环层数。具体而言，子句 collapse (n) 是指将最邻近的 n 层嵌套循环进行合并并展开为一个更大的循环。

例如，对于矩阵 A 和矩阵 B 相乘后再与另一个同阶矩阵 C 相加的计算：
$$C[M, P] = C[M, P] + A[M, N]B[N, P]$$

其串行程序片断如下所示：

```
for( int i = 0;i< M;i++)
for( int j = 0;j<N;j++)
for( int k = 0;k<P;k++)
    c[i][k]=c[i][k]+a[i][j]*b[j][k];
```

对上述程序最简单的并行操作如下：

```
#pragma omp parallel for private(i,j,k)shared(a,b,c,M,N,P)
for( int i = 0;i< M;i++)
for( int j = 0;j<N;j++)
for( int k = 0;k<P;k++)
    c[i][k] = c[i][k] + a[i][j] * b[j][k];
```

这样的并行模式只能对最外层的 i 循环进行并行，而内层 j 和 k 循环只能串行执行，这样程序的执行效率较低。

为了得到更高的并行效率，需要对循环进行合并，这样，可以引入 collapse 子句。其相应的程序片断为：

```
#pragma omp parallel for collapse(2)shared(a,b,c,M,N,P)private(j)
for( int i = 0;i< M;i++)
for( int k = 0;k<P;k++)
for( int j = 0;j<N;j++)
    c[i,k]=c[i,k]+a[i,j]*b[j,k];
```

上述程序片断具有如下特点：

（1）由于 collapse(2) 的存在，循环指标变量 i 和 k 被自动声明为私有变量，而最内层循环指标变量 j 被显式声明为私有变量。

（2）子句 collapse(2) 对外层 i 和 k 循环进行了合并，合并后的单循环长度为 M×P。

（3）数组 c 是共享变量，上述利用不同的线程对数组 c 中不同元素进行读和写操作，不会造成数据竞争；数组 a 和 b 是共享变量，线程对这两个数组只进行读操作。

（4）如果采用子句 collapse(3)，那么当将 c[i][k] 中某个元素在同一个 j 循环的求和运算分配给不同的线程时，不同的线程会对 c[i][k] 同一个元素进行写操作。这样就造成了数据竞争。

以下为使用子句 collapse 的例子。

```
/* File:fc.cpp */
/* program:for_collapse */
#include <stdio.h>
#include <omp.h>
#define l 4
#define m 4
```

```
#define n 2
int main( )
{
    int tid,i,j,k,counter;
    omp_set_num_threads(3);

    counter=0;
    #pragma omp parallel for collapse(2) private(i,j,k,tid) firstprivate(counter)
    for(i=1;i<=l;i++)
    for(j=1;j<=m;j++)
    for(k=1;k<=n;k++)
    {
        tid=omp_get_thread_num();
        counter=counter+1;
        printf("tid=%d,counter=%d  i=%d,  j=%d,  k=%d\n",tid,counter,i,j,k);
    }
    return 0;
}
```

执行上述代码后，运行结果如下：

```
tid=1,counter=1   i=2,   j=3,   k=1
tid=1,counter=2   i=2,   j=3,   k=2
tid=1,counter=3   i=2,   j=4,   k=1
tid=1,counter=4   i=2,   j=4,   k=2
tid=1,counter=5   i=3,   j=1,   k=1
tid=1,counter=6   i=3,   j=1,   k=2
tid=1,counter=7   i=3,   j=2,   k=1
tid=1,counter=8   i=3,   j=2,   k=2
tid=1,counter=9   i=3,   j=3,   k=1
tid=1,counter=10  i=3,   j=3,   k=2
tid=2,counter=1   i=3,   j=4,   k=1
tid=2,counter=2   i=3,   j=4,   k=2
tid=2,counter=3   i=4,   j=1,   k=1
tid=2,counter=4   i=4,   j=1,   k=2
tid=2,counter=5   i=4,   j=2,   k=1
tid=2,counter=6   i=4,   j=2,   k=2
tid=2,counter=7   i=4,   j=3,   k=1
tid=2,counter=8   i=4,   j=3,   k=2
tid=2,counter=9   i=4,   j=4,   k=1
tid=2,counter=10  i=4,   j=4,   k=2
tid=0,counter=1   i=1,   j=1,   k=1
tid=0,counter=2   i=1,   j=1,   k=2
tid=0,counter=3   i=1,   j=2,   k=1
tid=0,counter=4   i=1,   j=2,   k=2
tid=0,counter=5   i=1,   j=3,   k=1
```

```
tid=0,counter=6   i=1,   j=3,   k=2
tid=0,counter=7   i=1,   j=4,   k=1
tid=0,counter=8   i=1,   j=4,   k=2
tid=0,counter=9   i=2,   j=1,   k=1
tid=0,counter=10  i=2,   j=1,   k=2
tid=0,counter=11  i=2,   j=2,   k=1
tid=0,counter=12  i=2,   j=2,   k=2
```

从程序和输出结果可以看出，上述程序具有如下特点：

（1）此程序包含 3 层嵌套循环。应用 collapse(2) 将最外面的两层循环（循环指标变量分别为 i=1~4 和 j=1~4）合并成一个大循环（4×4=16），而最内部的循环（循环指标变量为 k）未进行并行化。

（2）最外层的两个嵌套循环合并化的大循环共循环 16 次，分别分给线程组中的 3 个子线程来完成。其中子线程 0 负责 6 次循环，分别是（i=1，j=1~4）和（i=2，j=1~2）；子线程 1 负责 5 次循环，分别是（i=2，j=3~4）和（i=3，j=1~3）；子线程 2 也负责 5 次循环，分别是（i=3，j=4）和（i=4，j=1~4）；

（3）指令 for 采用默认静态调度方式。

（4）从打印结果来看，线程 1 先执行完，其对应的迭代却是 i=2 而不是 i=1。开始执行的时候，线程的状态是未知的。一种可能情况是，线程 0 首先启动去执行迭代 i=1（静态调试划分的第一块任务），但是，只是开始去执行迭代任务。而屏幕显示的是 printf 输出的结果。因此，输出的顺序不代表开始执行此迭代的顺序。在程序运行过程中可能的情况是，线程 0 执行迭代 i=1 还没有完成的时候，线程 1 空闲，系统则为线程 1 分配了迭代 i=2（静态调试划分的第二块任务）；然后线程 1 一直运行第二块任务，线程 0 仍然在运行迭代第一块任务；在这个过程中，线程 2 空闲，则为线程 2 分配了迭代 i=3（静态调试划分的第三块任务），线程 2 一直运行第三块任务。最后，线程 1 首先完成了第二块任务，进行 printf 屏幕输出任务，然后是线程 2 和线程 0 分别进行 printf 屏幕输出任务。

5.4　指令 sections

除了循环结构可以进行并行之外，分段并行（sections）是另外一种有效的并行执行方法。它主要用于非循环程序代码的并行。具体而言，当并行执行一个程序时，通常是在同一时间段内将一个计算任务划分为若干个子任务然后利用多个线程来完成，如图 5-5 所示。如果后面的计算任务不依赖于前面的计算任务，即它们之间不存在相互依赖关系，就可以将不同的子任务分配给不同的线程去执行。当然，对于那些执行时间非常短（计算负载非常小）或者程序本身（前面与后面之间或循环之间）具有很强的依赖性关系的情况，要实现并行是非常困难或者是不可能实现的任务。

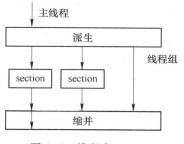

图 5-5　线程在 sections
结构内的执行过程

指令 sections 的语法格式如下：

```
#pragma omp sections [子句...]
            private(变量列表)
            firstprivate(变量列表)
            lastprivate(变量列表)
            reduction(运算符:变量列表)
            nowait
}

    #pragma omp section
        结构块
    #pragma omp section
        结构块
}
```

其中，方括号 [ ] 表示可选项。可选项可在 private、firstprivate、lastprivate 和 reduction 这些子句中进行选择。sections 结构的结束处有一个隐含的同步（或等待）。如果指定了子句 nowait，则可以跳过这个隐含的同步。

在指令 sections 的使用过程中，应注意以下事项：

（1）由于指令 sections 在大多数情况下与一个独立的 parallel 指令一起使用，因此，OpenMP 提供了一个复合指令#pragma omp parallel sections 来方便编程人员的编程。

（2）一个程序中可以定义多个 sections 结构，不同 sections 结构之间处于串行状态，由不同的线程组执行；每个 sections 结构中又可以定义多个 section，同一个 sections 中不同 section 之间处于并行状态，由同一个线程组内不同子线程执行。

（3）在一个 sections 结构中，独立的指令 section 嵌套在指令 sections 中。采用 section 定义的每段程序都将只被线程组中的一个线程执行一次，不同的 section 程序由不同的线程执行。

（4）section 内部不允许出现能够到达 section 之外的跳转语句，也不允许有外部的跳转语句到达 section 内部。

（5）如果子句 nowait 没有被使用，在指令 sections 结束时会有一个隐藏的栅障（barrier）。

下面举例说明在一个 section 结构中指令 sections 和 section 结构块的用法。

```cpp
/* File:ost.cpp */
/* program:one_sections_threads */

#include <stdio.h>
#include <omp.h>

int main()
{
    int tid,nthreads;

    omp_set_num_threads(2);
```

```
#pragma omp parallel private(tid,nthreads)
{
    #pragma omp sections nowait
    {
        #pragma omp section
        {
            tid=omp_get_thread_num();
            nthreads=omp_get_num_threads();
            printf("section 1 :nthreads=%d,tid=%d\n",nthreads,tid);
        }
        #pragma omp section
        {
            tid=omp_get_thread_num();
            nthreads=omp_get_num_threads();
            printf("section 2 :nthreads=%d,tid=%d\n",nthreads,tid);
        }
        #pragma omp section
        {
            tid=omp_get_thread_num();
            nthreads=omp_get_num_threads();
            printf("section 3 :nthreads=%d,tid=%d\n",nthreads,tid);
        }
    }
    return 0;
}
```

执行上述代码后，运行结果如下：

```
section 1 :nthreads=2,tid=0
section 2 :nthreads=2,tid=0
section 3 :nthreads=2,tid=1
```

从程序和输出结果可以看出，上述程序具有如下特点：

（1）函数 omp_set_num_threads(2) 给并行区设置了 2 个线程。

（2）指令 sections 中设置了 3 个 section 段。

（3）结构 sections 中 section 段的数量大于线程组中线程的数量。因此，部分线程会执行多个 section 段（在本例中，线程 0 执行了第 1 和 2 个 section 段，而线程 1 只执行了 section 3）。

5.5　指令 single

前面介绍的 for、sections 指令都是用于创建多个线程。但在并行区域里，有时候希望部分程序代码以串行方式（例如：执行非线程安全代码段 I/O 输入输出等）执行。图 5-6 表明，在未使用 nowait 子句情况下，只有一个线程（图中是线程 1）去执行并行区域内的部分程序代码，而其他的线程则跳过这段程序代码。由于在 single 后面会有一个隐含的栅障，因此在此线程执行期间其他线程处于空闲状态；所有线程只有在 single 指令结束处隐含的栅障处同步后才能继续开始执行。如果 single 指令有 nowait 子句，则其他线程直接向下执行，不需要在隐含的栅障处等待。

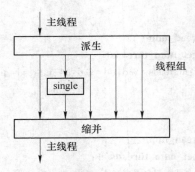

图 5-6 在 single 结构内的执行过程

指令 single 的语法格式如下：

```
#pragma omp single [子句...]
        private(变量列表)
        firstprivate(变量列表)
        copyprivate(变量列表)
        nowait
{

        结构块

}
```

其中，结构 single 的可选项可以在 private 和 firstprivate 这两个子句中进行选择。指令 nowait 指令和子句 copyprivated 在 single 结构结束处起作用。如果使用 nowait，则线程组中的线程在并行执行完 single 结构后不进行同步；如果没有 nowait 指令，则线程组中的线程在并行执行完 single 结构后必须进行同步。

指令 copyprivate 在 single 结构结束处将一个线程私有变量的值广播给执行同一并行区域的其他线程。指令 copyprivate 一般与 single 结构联用，在到达 single 结构结束处的栅障之前就完成了广播工作。具体实例可参见 3.4 节中的程序 cc.cpp。指令 copyprivate 可以对 private 和 threadprivate 子句中的变量进行操作，但是当使用 single 结构时，copyprivate 的变量不能用于 private 和 firstprivate 子句中。

在指令 single 的使用过程中，应注意以下事项：

（1）一个 single 结构只能由一个线程来执行，但并不一定要求主线程来执行。而不执行指令 single 的其他线程则会在结构 single 结束处同步。但如果存在指令 nowait，则不执行 single 指令的其他线程可以直接越过 single 结构继续向下执行。

（2）结构 single 内部不允许出现能够到达结构 single 之外的跳转语句，也不允许有外部的跳转语句到达结构 single 内部。

5.6 合并的并行工作共享结构

OpenMP 提供了两个复合并行工作共享指令。一个是：

```
#pragma omp parallel for
```

另一个是：

```
#pragma omp parallel sections
```

这些指令的行为和一个独立的指令 parallel 后面紧跟一个单独的指令 for 或指令 sections 相同。

5.7 小 结

本章介绍了多种并行构造方式。对于循环内的程序块，一般采用指令 for 进行并行，这是使用频率最高的指令。对于循环外的多个程序块，如果这些程序块是前后之间没有依赖关系的程序块，则可采用 sections 指令进行并行。在并行区域里串行执行部分程序代码可采用 single 指令。

指令 for 对循环进行划分是由系统自动进行的。只要每次循环迭代间没有计算耗时上的差异，那么在子句 schedule 中可以采用默认参数 static 进行均匀的任务分摊。如果循环内各迭代间计算负载存在较大差异，建议子句 schedule 中参数取 dynamic 或 guided。使用指令 section 来划分线程是一种手工划分线程的方式，最终并行性的好坏得取决编程人员。

练 习 题

5.1 试分析在并行计算中实现负载平衡的常用方法。

5.2 试分析循环依赖产生的原因，并给出并行计算中循环依赖的基本类型。

5.3 对于任意给定的积分区间，对循环采用不同的调度方式，试求积分 $\int_1^{100} x^2 \mathrm{d}x$ 的值。（提示：将积分下的面积分成多个小梯形后求和。）

5.4 试利用 sections 语句计算当 $n=10$ 时函数 $y = \sum_{i=1}^{n} i + n!$ 的值。

5.5 试仿照 5.3.2 节中的程序 dfapli.cpp，对两重循环的内循环给出并行方案，并与外循环并行方案进行比较。

5.6 试利用 parallel do 语句进行如下的矩阵运算。

$$A[i][j] = 1$$
$$B[i][j] = i + j$$
$$C[i][j] = A - 2B$$

6 线程同步

OpenMP 的特征是多线程的并行执行。编写多线程应用程序时，线程间的同步资源访问是一个常见问题。当两个或多个线程同时访问同一内存区域时，有时会导致不合需要的、不可预知的结果。例如，一个线程可能正在更新某个变量的内容，而另一个线程正在读取同一个变量的内容。由于无法确定读取线程将会收到何种数据：旧数据、新写入的数据或两种数据都有，因此读取线程所获得的变量的值变得不确定。这样需要加入同步操作，避免在该线程没有完成操作之前，被其他线程的调用，从而保证了该变量的唯一性和准确性。因此，在多线程并行执行的情形下，程序必须具备必要的线程同步机制才能保证，即使出现了数据竞争也能够给出正确的结果，或者在适当的时候通过控制线程的执行顺序来保证执行结果的确定性。

同步是并行算法的一个重要特征，它是指在时间上使各自执行计算的子线程之间必须相互等待从而保证各个线程的执行实现在时间上的一致性。同步的目的是保证各个线程不会同时访问共享资源或者保证在开始新工作前，已经完成共享资源的准备工作。例如，各个线程同时开始或者同时结束同一段代码的执行。OpenMP 支持图 6-1 所示的两种线程同步机制：

（1）互斥锁同步机制：用来保护一块共享的存储空间，使所有在此共享的存储空间上执行的操作串行化。这样每一次访问这块共享内存空间的线程数最多为一个，从而保证了数据的完整性。互斥操作是针对需要保护的数据进行的操作，即在产生数据竞争的内存区域加入包括 critical、atomic 等语句以及互斥函数构成的标准例程。

（2）事件同步机制：通过设置同步栅障来控制代码的执行顺序，使某一部分代码必须在其他代码执行完毕后才能开始执行，从而保证了多个线程之间的执行顺序。这种机制主要通过指令 ordered、指令 master、指令 nowait、指令 sections、指令 single 等来控制规定线程顺序执行时所需要的同步栅障（barrier）。

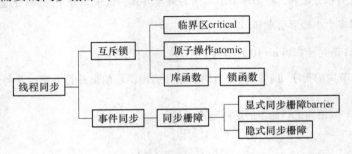

图 6-1　线程同步方式

6.1　互斥锁机制

在 OpenMP 中，提供了三种不同的互斥锁机制，用来对一块内存进行保护，它们分别是临界块操作（critical）、原子操作（atomic）以及由库函数提供的锁操作[3]。

（1）临界块操作：临界块操作是对存在数据竞争的变量所在的代码区域前插入相应的临界块操作语句，通过编译指导语句保护存在数据竞争的变量。

（2）原子操作：原子操作是指操作的不可分性。现代体系结构的多处理器计算机提供了原子更新的一个单一内存单元的方法，即通过单一的一条指令就能够完成数据的读取与更新操作，即操作在执行的过程中是不会被打断的。因此，通过这种方式就能够完成对单一内存单元的更新，从而提供一种更高效率的互斥锁机制。

（3）库函数的互斥锁支持：使用库函数的互斥锁支持的程序可以将函数放在程序所需要的任意位置。而程序员必须自己保证在调用相应锁操作之后释放相应的锁，否则会发生多线程程序的死锁。另外，库函数还支持嵌套的锁机制。

6.2　事件同步机制

事件同步机制与并行区域中的隐式栅障密切相关。每个并行区域都会有一个隐含的同步栅障（barrier），同步栅障要求所有的线程同时执行到此栅障后才能继续执行下面的代码。例如，#pragma omp for、#pragma omp single 和#pragma omp sections 等结构都包含自己的隐含栅障。

事件同步机制存在如下四种情况：

（1）为了避免在循环过程中出现不必要的同步栅障，可以增加指令 nowait 到相应的编译指导语句中。

（2）为了实现线程间的同步，有时在需要的地方插入显式的同步栅障指令 barrier。

（3）在某些情况下，循环并行化需要规定执行的顺序才能保证结果的正确性。例如在循环中，大部分的工作可以并行执行，而其余的工作则需要等到前面的工作全部完成以后才能执行。这时就需要用指令 ordered 来保证：需要顺序执行的语句直到前面的循环都执行完毕之后才能执行。

（4）OpenMP 还提供了 master 指令（只能由主线程执行）和 single 指令（由某个线程执行）以及 flush 指令（用于编程人员构造执行顺序）实现同步操作。

在进行同步操作时，需要考虑以下两点：

（1）不合适的同步机制或者算法会导致运行效率的急剧下降。

（2）使用多线程进行应用程序开发时要考虑同步的必要性，消除不必要的同步，或者调整同步的顺序，可能会大幅度提升程序的性能。

6.3　指令 barrier

指令 barrier 要求并行区域内所有线程在此处同步等待其他线程，然后恢复并行执行

barrier 后面的语句，如图 6-2 所示。它的语法格式如下：

`#pragma omp barrier`

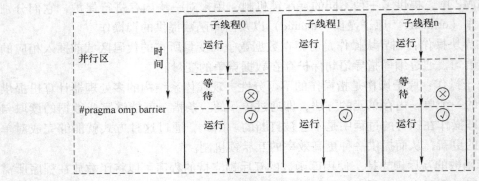

图 6-2 栅障结构执行示意图

当线程遇到显式的指令 barrier 或结构中隐含的 barrier 时，将对线程有如下限制：

（1）线程组中所有线程都将执行或不执行（使用指令 nowait）显式和隐式的 barrier 区域。

（2）线程组中所有线程均以相同的顺序遇到并行构造区域和 barrier 区域。

OpenMP 的许多指令（如 parallel，for，single 等）自身都带有隐含的栅障。这里，首先分析一下 5.3.1 节出现过的一个例子 fap.cpp。在这个例子里面，线程 0 做 i=0~3 的迭代，线程 1 做 i=4~6 的迭代，线程 2 做 i=7~9 的迭代，如果每次迭代的工作量不同，那么线程 1、2、3 完成它们各自的工作所需要的时间是不同的。这是因为#pragma omp for 里面带了隐含的栅障，所以某个线程可能比另外 2 个线程提前完成工作，但是这个线程不能继续向下执行并行区域后面的工作。隐含的栅障要求：每个线程在做完了自己的工作后必须在这里等待；直到所有的线程都完成了各自的工作后，所有的线程才能往下执行。

下列 OpenMP 结构结束处存在隐含的栅障 barrier：

（1）#pragma omp parallel。

（2）#pragma omp for。

（3）#pragma omp sections。

（4）#pragma omp critical。

（5）#pragma omp single。

栅障的设置会减慢程序执行的速度增加时间消耗，这与通过并行减少时间消耗的初衷是相违背的。那么，为什么部分指令需要设置隐含的栅障呢？这是因为 OpenMP 担心程序中后面的代码对这块代码存在依赖关系。如果这块代码的工作没有执行完毕就去执行后面的代码，可能会引起错误。但是指令 barrier 是一个时间消耗很大的栅障。如果大量使用会导致计算速度的急速下降，因此在程序中应尽量减少指令 barrier 的使用。

在每一个并行区域都会有一个隐含的同步屏障（barrier），执行此并行区域的线程组在执行完毕本区域代码之前，都需要同步并行区域的所有线程。为了避免在循环过程中不必要的同步屏障，可以增加 nowait 子句到相应的编译指导语句中。

在并行执行的时候，在有些情况下，隐含的同步屏障并不能提供有效的同步措施，程序员可以在需要的地方插入明确的同步屏障语句#pragma omp barrier。此时，在并行区域的执行过程中，所有的执行线程都会在同步屏障语句上进行同步。

下面举一个例子说明指令 barrier 的用法。

```cpp
/*  File:bp. cpp  */
/*  program:barrier_parallel  */
#include<stdio. h>
#include<omp. h>
int main()
{
    int nthreads,tid;
    omp_set_num_threads(8);
#pragma omp parallel private(tid,nthreads)
    {
        int nthreads;
        tid=omp_get_thread_num();
        nthreads=omp_get_num_threads();
        printf("hello from thread id=%d in %d threads\n",tid,nthreads);
#pragma omp barrier
        if(tid==0)
        {
            nthreads=omp_get_num_threads();
            printf("there are %d threads to say hello! \n",omp_get_num_threads());
        }
    }
    return 0;
}
```

执行上述代码后，运行结果如下：

```
hello from thread id=1 in 8 threads
hello from thread id=4 in 8 threads
hello from thread id=7 in 8 threads
hello from thread id=3 in 8 threads
hello from thread id=0 in 8 threads
hello from thread id=5 in 8 threads
hello from thread id=2 in 8 threads
hello from thread id=6 in 8 threads
there are 8 threads to say hello!
```

从程序和输出结果可以看出，上述程序具有如下特点：

（1）该程序首先通过函数 omp_set_num_threads(8) 建立了 8 个线程，然后各个线程分别输出并行区域内线程总数和各自的线程号，最后进行统计并输出"hello from thread id"的线程的个数。

（2）因为第二项任务（统计）与第一项任务（输出"hello from thread id"）存在数据相关，所以必须等全部线程处理完第一项任务后才可以由主线程去执行第二项任务。如果各线程在打印输出后不进行同步，那么，在各线程未完成打印输出，就出现了线程总数统计情况。这显然不是期望的结果。

6.4　指令 nowait

每个指令 parallel for 都带有一个同步的栅障。对于循环而言，这样的栅障是必须的。这是因为编程人员必须在每个线程准备执行下一个循环迭代之前确认它们已经完成了前一次迭代，否则可能会影响其他线程的执行。当然，如果能够确定后面的代码对这块代码没有依赖，就可以使用 nowait 来把这个隐含的栅障给去掉，从而加快运行速度。通常可以在 #pragma omp for、#pragma omp sections 和#pragma omp single 后采用指令 nowait 去除这些工作共享结构块结束处隐含的栅障。

下面举一个例子来说明 nowait 的用法。

```
/*  File:nf.cpp   */
/*  program:nowait_for   */
#include<stdio.h>
#include<omp.h>
int main( )
{
    int m=4;
    int tid,nthreads,i;

    omp_set_num_threads(3);
    #pragma omp parallel private(tid,nthreads)
    {
        #pragma omp for
        for(i=1;i<=m;i++)
        {
            tid=omp_get_thread_num( );
            nthreads=omp_get_num_threads( );
            printf("first for_loop:%d,id=%d\n",nthreads,tid);
        }

        #pragma omp for nowait
        for(i=1;i<=m;i++)
        {
            tid=omp_get_thread_num( );
            nthreads=omp_get_num_threads( );
            printf("second for_loop:%d,id=%d\n",nthreads,tid);
        }
```

```
#pragma omp for
for(i=1;i<=m;i++)
{
    tid=omp_get_thread_num();
    nthreads=omp_get_num_threads();
    printf("third for_loop:%d,id=%d\n",nthreads,tid);
}
}
return 0;
}
```

执行上述代码后，运行结果如下：

```
first for_loop:3,id=0
first for_loop:3,id=0
first for_loop:3,id=1
first for_loop:3,id=2
second for_loop:3,id=0
second for_loop:3,id=0
third for_loop:3,id=0
third for_loop:3,id=0
second for_loop:3,id=2
third for_loop:3,id=2
second for_loop:3,id=1
third for_loop:3,id=1
```

从程序和输出结果可以看出，上述程序具有如下特点：

（1）由于在第一个循环没有使用指令 nowait，所以第二个 for 循环必须等到第一个循环执行完毕才能开始执行。这样，所有的关于"first for_loop …"的输出打印完毕后，才开始打印关于"second for_loop …"的输出。

（2）当第二个循环使用 nowait 后，第三个 for 循环并没有等第二个循环执行完毕就开始执行了。换言之，nowait 可以将指令 for 后隐含的栅障去除。这样，关于"second for_loop …"的输出混杂在关于"third for_loop …"的输出中间。

6.5　指令 master

指令 master 的语法格式如下：

```
#pragma omp master
{
    结构块
}
```

指令 master 要求主线程去执行并行区域内的部分程序代码，而其他的线程则越过这段程序代码直接向下执行。此条指令没有相关隐式栅障。其执行过程如图 6-3 所示。

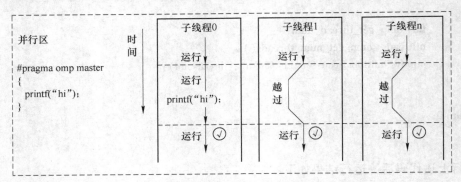

图 6-3 执行 master 结构示意图

在指令 master 的使用过程中，应注意以下事项：

（1）指令 master 跟指令 single 很类似。区别在于指令 master 没有隐含的栅障，也不能使用指令 nowait；而指令 single 具有隐含的栅障。当主线程去执行 master 结构，其他线程可以往下执行 master 结构后面的语句而不必等待主线程；而指令 single 可采用任意一个线程去执行 single 结构，其他线程则需在隐含的栅障处等待同步。

（2）在结构 master 内部不允许出现能够到达结构 master 之外的跳转语句，也不允许有外部的跳转语句到达 master 结构内部。

下面举一个例子说明指令 master 的用法。

```cpp
/*  File:ps. cpp  */
/*  program:parallel_master  */
#include<stdio. h>
#include<omp. h>
int main()
{
    int nthreads,tid;
    omp_set_num_threads(3);

    #pragma omp parallel private(tid,nthreads)
    {
        tid=omp_get_thread_num();
        nthreads=omp_get_num_threads();
        printf("before master:%d,id=%d\n",nthreads,tid);

        #pragma omp master
        {
            tid=omp_get_thread_num();
            nthreads=omp_get_num_threads();
            printf("\n master region:%d,id=%d\n\n",nthreads,tid);
        }
```

```
        tid = omp_get_thread_num( ) ;
        nthreads = omp_get_num_threads( ) ;
        printf( "after master:%d,id=%d\n" ,nthreads,tid) ;
    }
    return 0;
}
```

执行上述代码后，运行结果如下：

```
before master:3,id=1
after master:3,id=1
before master:3,id=0

master region:3,id=0

after master:3,id=0
before master:3,id=2
after master:3,id=2
```

从程序和输出结果可以看出，上述程序具有如下特点：

（1）主线程 0 执行了一次 master 结构，而其他线程只执行了并行区域内除结构 master 外的语句。

（2）"after master …"的结果输出混杂在"before master …"和"master region …"这些结果输出中间，表明子线程 1 和 2 在主线程 0 执行 master 结构时没有进行同步而是继续执行后续的代码。

下面的程序片断的主要思想是首先利用指令 master 实现共享变量 u_init 的初始化，然后将变量 u_init 的值传递给线程组内所有子线程私有变量 u_local。

```
int u_init,u_local;
#pragma omp parallel shared( u_init) private( u_local)
{
    #pragma omp master
    {
        u_init = 10;
    }
    u_local = u_init;
}
```

但这是一个错误的例子。因为指令 master 没有隐含的栅障，所以当其他线程越过变量 u_init 的赋值语句执行变量赋值语句 u_local = u_init 时，主线程可能还没有开始执行 u_init 的赋值，这样各子线程的私有变量 u_local 的值是不确定的。对于此错误有多种解决方案。其中一种解决方案是将指令 master 替换为指令 single；一种是在赋值语句 u_local = u_init 前面增加一个显式的栅障。

```
#pragma omp barrier
```

6.6 指令 critical

指令 critical 包含的代码块称为临界块或 critical 结构。在执行上述的临界块之前，必须首先获得临界块的控制权。这样通过编译指导语句可以对存在数据竞争的并行区域内的变量进行保护。其执行过程如图 6-4 所示。

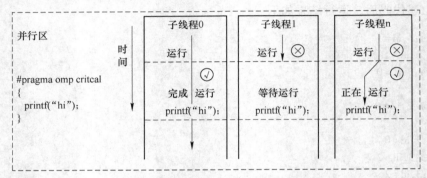

图 6-4 critical 结构执行示意图

指令 critical 的语法格式如下：

```
#pragma omp critical(名称)
{
    代码块
}
```

名称是可选项。在一个程序中，可以存在多个的 critical 区域。而 critical 区域名称是全局标志符。不同的名称代表不同的 critical 区域；具有相同名称的不同的 critical 区域被当作同一个区域；所有未命名 critical 区域被当作同一个区域。

在指令 critical 的使用过程中，应注意以下事项：

（1）在同一时间内只允许有一个线程执行 critical 结构，其他线程必须进行排队依次执行 critical 结构。如果一条线程正在一个 critical 区域执行而另一个线程到达这个区域，并企图执行，那么它将会被阻塞，直到第一个线程离开这个区域。

（2）指令 critical 不允许互相嵌套。

（3）在 critical 结构内部不允许出现能够到达 critical 结构之外的跳转语句，也不允许有外部的跳转语句到达 critical 结构内部。

为了解决 3.6 节例子 dr.cpp 的数据竞争问题，有必要引入指令 critical 进行同步。具体程序如下：

```
/*  File:drc.c  */
/*  program:data_race_critical  */
#include<omp.h>
#include<stdio.h>
int main()
```

```
{
    int x;
    x = 0;

    omp_set_num_threads(8);
    #pragma omp parallel shared(x)
    {
        #pragma omp critical(critical_plus)
        x=x+1;
    }

    printf("x= %d\n",x);
    return 0;
}
```

执行上述代码后，运行结果如下：

```
x= 8
```

从程序和输出结果可以看出，上述程序具有如下特点：

（1）虽然所有的线程试图并行执行操作 x = x + 1，但是对操作 x = x + 1 的代码被 critical 结构所包围，在任何时刻均只能有一个线程对此进行读/增加/写操作。这样，每个处理器须等待前一个处理器计算完毕并将计算结果写入内存后，才开始读 x 的值操作。通过各处理器依次进行 x = x + 1，可以得到正确的结果。各处理器的执行顺序如图 6-5 所示。

（2）在指令#pragma omp critical(critical_plus) 中，critical_plus 是 critical 结构的名称，可以省略。

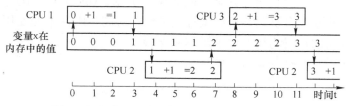

图 6-5　程序 drc.cpp 中指令 critical 的执行过程

6.7　指令 atomic

指令 atomic 要求一个特定的内存地址必须自动地更新，而不让其他的线程对此内存地址进行写操作。原子操作实际上是一个"微型"的 critical 指令。指令 atomic 在语法上可以认为等价于 critical {}。指令 critical 对一个代码块有效，而 atomic 指令只对一个表达式语句有效。OpenMP 利用原子结构指令主要是用于防止多线程对内存的同一地址的并发写操作。

此指令通常用于更新计数器和其他由多个线程同时访问的简单变量。指令 atomic 的语法格式如下：

```
#pragma omp atomic
    表达式
```

它的作用范围是指令 atomic 后面的第一个表达式语句，并要求该表达式语句是一个单独的能够立即被执行的语句。此表达式可采用如下形式：

```
x binop  = expr
x++
++x
x－－
－－x
```

其中，变量 x 是一个标量，标量表达式 expr 不能引用 x，且不被重载；二元运算符 binop 为++，－－，+，-，*，/，&，^，|，>>，<<或 | ，且不被重载。

原子操作和临界块操作比较，具有如下特点：

（1）临界块操作可以完成所有的原子操作。

（2）与临界块操作相比，原子操作可以更好地被编译优化，系统开销更小，执行速度更快。

（3）临界块的操作可以作用在任意的代码块上，且指令 critical 最终被翻译为加锁和解锁操作。而使用指令 atomic 的前提条件是相应的语句块能够转化为一条机器指令，使处理器能够一次执行完毕而不会被打断。

（4）由于原子操作比锁操作速度快，因此对于可以使用指令 atomic 的场合，应该尽量使用指令 atomic 来代替指令 critical。

（5）当对一个数据进行原子操作保护时，就不能对数据进行临界块的保护。这是因为原子操作保护和临界块保护是两种完全不同的保护机制，OpenMP 在运行过程中不能在这两种保护机制之间建立配合机制，所以编程人员在针对同一内存单元使用原子操作的时候需要在程序所有涉及的代码均加入原子操作的支持。

下面举一个例子说明指令 atomic 的用法。

```
/ *  File:asp. cpp   * /
/ *  program:atomic_sum_product   * /
#include<stdio. h>
#include<omp. h>
int main( )
{
    long int i,sum,product;
    int x[10];
    omp_set_num_threads(3);

    sum = 0;
```

```
product = 1;
#pragma omp parallel for private(i) shared(x,sum,product)
for(i = 0;i<10;i++)
{
    x[i] = i+1;

    #pragma omp atomic
    sum = sum+x[i];
    #pragma omp atomic
    product = product * x[i];

    printf("x[%d] = %d    sum = %d    product = %d\n",i,x[i],sum,product);
}
printf("sum = %d    product = %d\n",sum,product);
return 0;
}
```

执行上述代码后，运行结果如下：

```
x[4] = 5    sum = 6     product = 5
x[5] = 6    sum = 20    product = 240
x[6] = 7    sum = 27    product = 1680
x[0] = 1    sum = 6     product = 5
x[1] = 2    sum = 29    product = 3360
x[2] = 3    sum = 32    product = 10080
x[3] = 4    sum = 36    product = 40320
x[7] = 8    sum = 14    product = 40
x[8] = 9    sum = 45    product = 362880
x[9] = 10   sum = 55    product = 3628800
sum = 55    product = 3628800
```

从程序和输出结果可以看出，上述程序具有如下特点：

（1）#pragma omp atomic 后的表达式语句只能有一个。如果存在多个表达式语句，则需使用多个#pragma omp atomic 指令。

（2）#pragma omp atomic 只能单独出现，不存在相应的 {}。

OpenMP 4.0 推出后，对指令 atomic 进行了扩展。指令 atomic 的语法格式如下：

```
#pragma omp atomic [子句]
```

方括号 [ ] 表示可选项。可选项在 read、write、update、capture 这些子句中进行选择。其基本意义和相应表达式写法见表 6-1。

表 6-1　指令 atomic 中的子句和表达式

参数	意义	表 达 式
read	读数据	v=x;
write	写数据	x=expr;
update	更新数据	x++;　　x--;　　++x;　　--x;　　x binop = expr;　　x = x binop expr;　　x = expr binop x;
capture	交换数据	v=x++;　　v=x--;　　v=++x;　　v=--x;　　v=x binop=expr;　　x=x binop expr; x=expr binop x; 也可采用如下结构块形式: {v=x; x binop expr}　　　{x binop=expr; v=x} {v=x; x = x binop expr;}　　{v=x; x=exp binop x;} {x=x binop expr; y=x;}　　{x=expr binop x; y=x;} {v=x; x=expr;}　　{v=x; x++;}　　{v=x; ++x;} {++x; y=x;}　　{x++; y=x;}　　{v=x; x--;}　　{y=x; --x;} {--x; y=x;}　　{x--; y=x;}

注: 变量 x 和 v 都是标量类型的左值表达式; 二元操作符 binop 指的是+, *, -, /, &, ^, |, <<或>>; binop, binop =, ++, --, 且不被重载; 标量表达式 expr 不能引用 x, 且不被重载。

6.8　指令 ordered

　　指令 ordered 要求循环 for 区域内的代码块必须按照循环迭代的次序来执行。这是因为在执行循环的过程中, 部分工作是可以并行执行的, 然而特定部分工作则需要等待前面的工作全部完成以后才能够正确执行。因此, 可以通过使用指令 ordered 让这些特定工作按照串行循环的次序依次进行执行, 就好像他们在一个串行处理器上执行一样。

　　指令 ordered 的语法格式如下:

```
#pragma omp for ordered [子句]
for 循环区
{
    #pragma omp ordered
    代码块
}
```

　　指令 ordered 在使用过程中需满足如下条件:

　　(1) 指令 ordered 一般与指令 for 或指令 parallel for 联合使用。

　　(2) 在任意时刻, 只允许一个线程执行 ordered 结构。

　　(3) 在 ordered 结构内部不允许出现能够到达 ordered 结构之外的跳转语句, 也不允许有外部的跳转语句到达 ordered 结构内部。

　　(4) 一个 for 循环内部只能出现一次 ordered 指令。

　　下面举一个例子说明指令 ordered 的用法。

```
/ *  File:of.cpp   * /
/ *  program:ordered_for   * /
#include<stdio.h>
#include<omp.h>
int main()
{
    int i,tid,nthreads;
    int a[10];

    omp_set_num_threads(3);
    printf("nthreads   id   i    a[]\n");
    #pragma omp parallel private(i,tid,nthreads)shared(a)
    {
        #pragma omp for
        for(i=0;i<10;i++)
        {
            a[i]=i+1;
            tid=omp_get_thread_num();
            nthreads=omp_get_num_threads();
            printf("   %d   %d   %d %d\n",nthreads,tid,i,a[i]);
        }


        #pragma omp single
        printf("\n");

        #pragma omp for ordered
        for(i=1;i<10;i++)
        {
            #pragma omp ordered
            a[i]=a[i-1]-1;

            tid=omp_get_thread_num();
            nthreads=omp_get_num_threads();
            printf("   %d   %d   %d %d\n",nthreads,tid,i,a[i]);
        }
    }
    return 0;
}
```

上述代码的执行结果如下：

nthreads	id	i	a[ ]
3	0	0	1
3	0	1	2
3	0	2	3
3	0	3	4
3	1	4	5
3	1	5	6
3	1	6	7
3	2	7	8
3	2	8	9
3	2	9	10
3	0	1	0
3	0	2	−1
3	0	3	−2
3	1	4	−3
3	1	5	−4
3	1	6	−5
3	2	7	−6
3	2	8	−7
3	2	9	−8

从程序和输出结果可以看出，上述程序具有如下特点：

（1）代码 a［i］=a［i-1］-1 需要按照循环迭代次序依次执行，否则会出现数据竞争。因此需要应用 ordered 结构。这样，各线程在执行这一段代码时严格按照循环迭代次序执行；并且获取当前线程号、获取当前并行区域内活动线程个数以及打印语句也属于 ordered 结构，因此打印的内容也按照顺序执行，如图 6-6 所示。

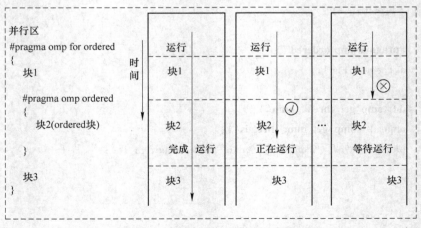

图 6-6 指令 ordered 执行示意图

（2）同一循环内只能使用一个指令 ordered。

这里需要指出，上述同步指令具有明显的区别，如表 6-2 所示。

表 6-2　不同同步指令间的差异

指令	结构的执行方式	执行结构的线程	结构	{}
single	如果没有 nowait 子句，那么只有一个线程执行 single 结构，其他子线程则处于空闲状态	线程组中的某个子线程	多个语句	有
master	主线程执行 master 结构，而其他线程不用等待，继续往下执行 master 结构块的后面语句	子线程 0	多个语句	有
critical	在同一时间内，只有一个线程执行 critical 结构，其他线程则进行排队依次执行 critical 结构	线程组所有线程	多个语句	有
atomic	在同一时间内，只有一个线程执行 atomic 后面的语句，其他线程则进行排队依次执行此语句	线程组所有线程	单个语句	无
ordered	在同一时间内，只有一个线程执行 ordered 结构，其他线程则严格按照循环指标的先后次序排队执行 ordered 结构	线程组所有线程	多个语句	有

注：此表中 atomic 仅对 OpenMP 4.5 前的版本有效。对于 OpenMP4.5 版本，指令 atomic 中可以出现 {}，且 {} 内的语句在符合 atomic 语法要求的基础上，可以多于一句。

OpenMP 4.5 将一些子句和子句参数添加到 ordered 结构中。

（1）#pragma omp ordered threads 与#pragma omp ordered 命令相同。这意味着执行循环的线程按循环迭代顺序执行 ordered 区域。

（2）#pragma omp ordered simd 只能用于具有 simd（向量化）的 for 循环。

（3）#pragma omp ordered depend（source）和#pragma omp ordered depend（sink：循环指标变量）用于设定交叉循环迭代的依赖关系。其中，参数 sink 等待指定的前面循环迭代的完成，而参数 source 要求完成当前迭代计算来提供所有其他循环迭代所依赖的数据。

6.9　指令 flush

指令 flush 定义了一个同步点，在该同步点处强制存储器的一致性，即确保并行执行的各线程对共享变量进行读操作时读取的是最新值，要求线程可见的变量在此点被写回内存。计算机一般将变量的值存放在寄存器中，这样不能保证寄存器与内存中的内容在任何时刻均保持一致。高速缓存一致性确保了所有的处理器最终能看到单个地址空间，但 OpenMP 在为循环产生高效机器码时，通常将一个循环中的变量存放在寄存器中，因此不能保证内存能被及时更新，并保持一致。

指令 flush 的语法格式如下所示：

```
#pragma omp flush( 变量列表)
```

具体而言，对于列表中的变量，这些变量需要被更新。如果省略列表，则表明对调用线程可见的所有变量进行更新。

在使用指令 flush 过程，需要注意的是：

（1）为了避免所有的变量都被更新，变量列表只需包含需要更新的变量。在变量列表中的指针，是指针本身而不是指针指向的对象进行更新。

（2）为了确保对线程可见变量的修改，保证列表中的变量在经过此指令 flush 后对所有线程均可见，编译器必须将寄存器的值写入内存。

下面通过一个例子说明指令 flush 的用法。

指令 flush 要求所有线程对其列表中的变量具有相同的内存视图。此指示运行的结果是将对变量的更新直接写回内存。在没有指令 flush 的情况下，程序给变量赋值有时候可能只改变了寄存器，后来才会写回内存，这是编译器优化的结果。对于普通的编程人员，这不太好理解。在下面例子中，在程序编译中进行开关-O2 或-O3 优化后，编译运行如下代码。

```cpp
/*  File:flag.cpp   */
/*  program:flag   */
#include<stdio.h>
#include<omp.h>
int main()
{
    int data=0,flag=0;
    #pragma omp parallel sections num_threads(2)shared(data,flag)
    {
        #pragma omp section
        {
            #pragma omp critical
            printf("tid= %d   data=%d \n",omp_get_thread_num(),data);

            for(int i=0;i<10000;++i)
                ++data;

            flag = 1;
        }
        #pragma omp section
        {
            while(! flag)
            {
            }
            #pragma omp critical
            printf("tid= %d   data=%d \n",omp_get_thread_num(),data);

            -- data;
            printf("tid= %d   data=%d \n",omp_get_thread_num(),data);
        }
    }
    return 0;
}
```

在 Linux 环境下，采用 g++进行优化编译，编译和执行命令为：

```
g++ -fopenmp -O2 -o cpi flag.cpp
./cpi
```

上述代码的执行结果如下：

```
tid= 0    data=0
```

从程序和输出结果可以看出，上述程序具有如下特点：

（1）此程序的初始想法是，采用变量 flag 来做手动同步标志。线程 0 修改 data 的值，修改完毕后将 flag 的值取 1；线程 1 反复测试 flag 的值，检查线程 0 是否已将 data 的值修改完毕。如果线程 1 测试到 flag=1，那么线程 1 接着再修改 data 并打印结果。

（2）程序的运行进入了死循环。此现象发生的可能原因是，线程 1 反复测试的 flag 只是读取寄存器中的值。这是因为线程 1 认为，只有自己正在访问变量 flag（甚至以为只有自己这 1 个线程）。这样，在自己没有修改内存之前不需要重新去读 flag 的值到寄存器。这种编译方法一般在使用了优化开关-O2 或-O3 时普遍存在。这是因为编译器在为循环产生高效机器代码时，将一个循环中的变量保持在寄存器中可以改善程序的性能。

针对此情况，用指令 flush 对上述程序进行修改，得到如下程序代码。

```cpp
/*  File:ff. cpp   */
/*  program:flush_flag   */
#include<stdio. h>
#include<omp. h>
int main( )
{
    int data=0,flag=0;
    #pragma omp parallel sections num_threads(2)shared(data,flag)
    {
        #pragma omp section
        {
            #pragma omp critical
            printf("tid= %d   data=%d \n",omp_get_thread_num( ),data);

            for( int i=0;i<10000;++i)
                ++data;
            #pragma omp flush(data)

            flag = 1;
            #pragma omp flush(flag)

        }
        #pragma omp section
        {
            while( ! flag)
            {
                #pragma omp flush(flag)
            }
            #pragma omp critical
            printf("tid= %d   data=%d \n",omp_get_thread_num( ),data);
```

```
          #pragma omp flush(data)
          -- data;
          printf("tid = %d   data=%d \n",omp_get_thread_num(),data);
      }

  }
  return 0;
}
```

在 Linux 环境下，采用 g++ 进行优化编译，编译和执行命令为：

```
g++ -fopenmp -O2 -o cpi ff.cpp
./cpi
```

上述代码的执行结果如下：

```
tid = 0   data=0
tid = 1   data=10000
tid = 1   data=9999
```

从程序和输出结果可以看出，上述程序具有如下特点：

（1）增加了指令 flush 对变量 flag 和 data 进行更新。此指令通知编译器必须对系统内存中相关变量执行写入/读取操作。换言之，指令 flush 列表中变量不能被保持在一个局部 CPU 寄存器中。高速缓存一致性必须确保：如果一个 CPU 对内存执行了读/写操作，那么系统中其他 CPU 在访问此内存地址的时候都会得到相同的值。

（2）在第一个 section 结构块中，指令#pragma omp flush（data）通知编译器：将变量 data 的新值写回内存；指令#pragma omp flush（flag）通知编译器：将变量 flag 的新值写回内存；

（3）在第二个 section 结构块中，指令#pragma omp flush（flag）通知编译器：重新从内存读 flag 的值，即得到变量 flag 的最新值；指令#pragma omp flush（data）通知编译器，重新从内存读 data 的值，即得到变量 data 的最新值。

需要注意的是，当线程 A 需要对一个变量进行写操作，并且对线程 B 保证可见且有效时，就需要执行指令 flush，相关操作建议按照如下顺序执行：

（1）线程 A 对变量执行写操作。

（2）线程 A 执行指令 flush。

（3）线程 B 执行指令 flush。

（4）线程 B 对变量执行读操作。

在使用指令 flush 时，应该注意如下几点：

（1）编程人员很少需要使用指令 flush，这是因为此指令已被自动地插入到大多数需要它的地方。

（2）正确使用指令 flush 是十分困难的，使用 flush 容易在程序中产生瑕疵，并且这些瑕疵很难被测试出来。在一些情况下，这样的程序在部分计算平台能够正确地执行，而在部分平台则会产生错误的结果。有时，程序的瑕疵在使用不同的编译器开关时会触发出来。

在没有子句 nowait 的情况下，flush 在以下几种指令下隐含运行：

（1） #pragma omp barrier。

（2） #pragma omp critical 的开始和结束位置。

（3） #pragma omp for 的结束位置。

（4） #pragma omp sections 的结束位置。

（5） #pragma omp single 的结束位置。

（6） #pragma omp ordered 的开始和结束位置。

（7） #pragma omp parallel 的开始和结束位置。

（8） #pragma omp parallel for 的开始和结束位置。

（9） #pragma omp parallel sections 的开始和结束位置。

（10） omp_set_lock 和 omp_unset_lock。

（11） #pragma omp atomic。

（12） 如果 omp_test_lock、omp_test_nest_lock、omp_set_lock 和 omp_unset_nest_lock 能正确加锁和解锁，则 flush 隐含运行。

（13） 在每个任务（task）调度点的前后位置。

下列指令则没有隐式 flush：

（1） #pragma omp for 的开始位置。

（2） #pragma omp master 的开始和结束位置。

（3） #pragma omp sections 的开始位置。

（4） #pragma omp single 的开始位置。

（5） #pragma omp parallel nowait 的结束位置。

6.10 小 结

本章介绍了线程组内各线程实现同步有互斥锁同步和事件同步两种机制。互斥锁同步机制涉及指令 critical、指令 atomic 和互斥函数构成的标准例程。而事件同步机制则涉及指令 ordered、指令 master、指令 nowait、指令 sections、指令 single 和指令 barrier。

练 习 题

6.1 简述数据竞争产生的原因及解决措施。

6.2 简述并行计算中线程同步的意义。

6.3 简述指令 critical 和指令 atomic 的区别。

6.4 简述指令 single、指令 master 和指令 ordered 的区别。

6.5 请在不使用指令 reduction 的情况下，采用两个以上的并行计算方案实现连续整数 1~1000 的求和。（提示：指令 atomic 和 critical）

6.6 试采用 Machin 公式 $\pi = 16\arctan \dfrac{1}{5} - 4\arctan \dfrac{1}{239}$ 来计算圆周率。

（提示：$\arctan x = x - \dfrac{x^3}{3} + \dfrac{x^5}{5} - \dfrac{x^7}{7} + \cdots + (-1)^{n-1} \dfrac{x^{2n-1}}{2n-1}$）

7 运行环境

在前面章节中，已经涉及了 OpenMP 环境变量及其作用。这些环境变量与编译过程无关，但是与运行环境有关。编程人员通过环境变量就可以控制程序的运行。编程人员经常涉及的主要运行环境有：

（1）线程的数量。

（2）循环计算的分配策略。

（3）线程与处理器的绑定。

（4）支持/禁止嵌套并行，嵌套并行最大层数的设定。

（5）支持/禁止线程数量的动态调整。

（6）线程栈空间的设定。

（7）线程等待策略。

在大多数情况下，OpenMP 的环境变量都有对应的库函数，两者的功能是一样的。在同时设置环境变量和库函数的时候，优先级次序为编译器默认的环境变量的优先级最低、编程人员设置的环境变量的优先级较高、库函数的优先级最高，如图 7-1 所示。因为用于并行计算的硬件系统通常由多个用户共同使用，且每个用户可以一次提交多个任务，而且每个任务对环境变量的要求也不尽相同，因此建议尽量少用环境变量，而应在程序中采用库函数进行设置。

运行环境一般通过环境变量或运行环境操作函数进行设定。但在程序运行过程中，通常还经常使用时间函数来测试程序运行状况，利用锁函数来保障并行程序的正确运行。因此，本章将这三个方面内容统称一为运行环境的设置方法。

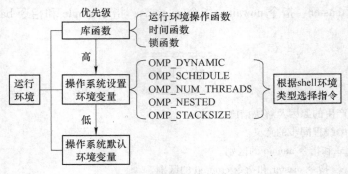

图 7-1　运行环境的设置

7.1　环境变量

通常，编程人员希望通过设置环境变量来实现最佳的运行环境，因此不要依赖系统环境变量的默认值。人们容易忽略如下环境变量的设置：

（1）使空闲的线程处于等待状态，而不是睡眠状态。

OMP_WAIT_POLICY = active

（2）避免出现运行时提供的线程数量小于程序要求的线程数量的情况。

OMP_DYNAMIC = false

（3）避免出现线程在不同处理器核心之间迁移。

OMP_PROC_BIND = true

7.1.1 OMP_DYNAMIC

环境变量 OMP_DYNAMIC 用来启用或禁用并行执行区域的线程数的动态调整。此值为 true 或 false；如果未设置，则使用缺省值 true。需要注意的是，如果调用了函数 omp_set_dynamic（false），则禁止动态地调整线程数目。如果调用了函数 omp_set_dynamic（true），则允许使用函数 omp_set_num_threads（）或者 num_threads（）设置线程数目。

在 Linux 系统的 bash shell 下，环境变量 OMP_DYNAMIC 的设置方法如下：

export OMP_DYNAMIC = false

7.1.2 OMP_SCHEDULE

环境变量 OMP_SCHEDULE 设置指令 parallel for 中运行时（runtime）调度类型。如果未定义，则使用缺省值 static。环境变量 OMP_SCHEDULE 的取值形式为"类型［，循环迭代次数］"。

在 Linux 系统的 bash shell 下，环境变量 OMP_SCHEDULE 的设置方法如下：

export OMP_SCHEDULE = static,2

7.1.3 OMP_NUM_THREADS

环境变量 OMP_NUM_THREADS 设置在并行执行区域内使用的线程数目。可以使用 num_threads 子句或通过调用 omp_set_num_threads（）来覆盖此值。如果未设置，则使用缺省值 1。环境变量 OMP_NUM_THREADS 的取值是一个正整数。需要注意的是，环境变量 OMP_NUM_THREADS 必须在环境变量 OMP_DYNAMIC 为 true 的情况下才能起作用。

在 Linux 系统的 bash shell 下，环境变量 OMP_NUM_THREADS 的设置方法如下：

export OMP_NUM_THREADS = 4

7.1.4 OMP_NESTED

环境变量 OMP_NESTED 用来启用或禁用嵌套的并行性。其值为 true 或 false。缺省值为 false。需要注意的是，在程序中可以通过调用函数 omp_set_nested（false）来覆盖环境变量 OMP_NESTED 的值。

在 Linux 系统的 bash shell 下，环境变量 OMP_ NESTED 的设置方法如下：

```
export OMP_NESTED=false
```

7.1.5 OMP_STACKSIZE

环境变量 OMP_STACKSIZE 为 OpenMP 创建的线程设置栈大小，其值是一个带后缀的正整数，其后缀 B、K、M 或 G，分别表示字节、千字节、兆字节或千兆字节。

在 Linux 系统的 bash shell 下，环境变量 OMP_STACKSIZE 的设置方法如下：

```
export OMP_STACKSIZE=10M
```

7.1.6 OMP_WAIT_POLICY

设置正在等待的线程所需的策略：active 或 passive。当策略参数为 active 时，线程在等待时会占用处理器时间。当策略参数为 passive 时，线程不会占用处理器时间，并且可能会放弃处理器或进入休眠状态。

在 Linux 系统的 bash shell 下，环境变量 OMP_STACKSIZE 的设置方法如下：

```
export OMP_WAIT_POLICY =active
```

7.1.7 OMP_PROC_BIND

将线程与 CPU 的核心进行绑定，建立一一映射关系，避免线程在 CPU 核心上迁移。

在 Linux 系统的 bash shell 下，OpenMP3.1 以上版本的环境变量 OMP_ PROC_ BIND 的设置方法如下：

```
export OMP_PROC_BIND=true
```

7.1.8 环境变量的设置方法

在实际应用过程中，常见的并行运行环境有 Windows、Linux 和 Unix，在这些系统中，所使用的环境变量都是一样的，但是具体设置方法会存在差异。

并行计算常用的操作系统是 Linux。这样，可采用如下命令分析当前 Linux 系统所使用的 shell 环境：

```
echo $SHELL
```

然后根据不同的 shell 环境，选用不同环境变量的设置方法，如表 7-1 所示。

表 7-1　环境变量的设置

shell	环 境 变 量
csh	setenv OMP_NUM_THREADS 3
sh、bash 和 ksh	export OMP_NUM_THREADS=3
DOS	set OMP_NUM_THREADS=3

需要指出的是，环境变量需要在程序运行前设置，在程序运行后再设置则不起作用。

7.1.9 段错误和环境变量的应用

OpenMP 对私有变量的大小有限制，这样线程正在使用的栈空间超过限制值提示段错误（segmentation fault）。例如当调用递归函数或定义巨大的多维数组时，有时会发生栈的溢出。在出现段错误提示后，可通过下述方法进行判定：

（1）程序以串行方式能够正确执行，但是进行 OpenMP 并行时则提示段错误；

（2）通过把某个（或部分）私有变量数组的维数变小，段错误提示消失而且和串行时结果一致。

由于 OpenMP 标准没有设定一个线程可以拥有的栈空间大小，因此不同编译器给每个线程设定的栈空间大小是不一样的，如表 7-2 所示。

表 7-2 Linux 系统下不同编译器的默认栈尺寸

编译器	栈尺寸限制	双精度数组尺寸
Intel icc	4MB	700×700
PGI pgcc	8MB	1000×1000
GNU gcc	2MB	500×500

如果编译器支持 OpenMP3.0 以上的版本，可通过设置 OMP_ STACKSIZE 这个环境变量来解决。例如：

```
setenv OMP_STACKSIZE 3001500B
setenv OMP_STACKSIZE "4000 k"
setenv OMP_STACKSIZE 12M
setenv OMP_STACKSIZE "12 M"
setenv OMP_STACKSIZE "22 m"
setenv OMP_STACKSIZE "1G"
setenv OMP_STACKSIZE 30000
```

如果编译器支持的 OpenMP 版本较低，则需要识别 Linux 的用户界面（shell）。在不同的用户界面下使用不同的命令。下面以线程栈空间为 15 MB，并将系统用户界面的栈空间上限不加限制为例进行说明：

如果 Linux 的用户界面是 csh/tcsh，则输入：

```
setenv KMP_STACKSIZE 15000000
limit stacksize unlimited
```

如果 Linux 的用户界面是 ksh/sh/bash，则输入：

```
export KMP_STACKSIZE = 12000000
ulimit-s unlimited
```

7.2 库 函 数

OpenMP 的优势主要体现在编译阶段的编译指导语句，但对运行阶段的支持较少。为了支持运行时对并行环境的控制和优化，OpenMP 提供了运行时库函数。但是要使用运行时库函数，必须在相应的源文件中包含头文件 omp_ lib. h。当在 Linux 系统或 Windows 系统下使用 Intel 编译器时，C/C++源代码可采用两种方式包含 OpenMP 头文件：

```
#include<omp. h>
```

或

```
#include " omp. h"
```

这样，编程人员就可以采用类似于编程语言内部函数调用方式来使用 OpenMP 库函数。OpenMP 涉及的库函数分为三类，运行环境操作函数，时间函数和锁函数。

7.2.1 运行环境操作函数

运行环境操作函数，基本上是对某个变量的读写或设置行为。表 7-3 给出了 omp_ lib. h 中常见运行环境操作函数及相关数据结构类型的声明。

表 7-3 运行环境操作函数

运行环境操作函数	描　　述
void omp_set_num_threads（int num_threads）；	设置并行区域线程组中线程的数量
int omp_get_num_threads（void）；	返回在并行区域内正在运行的线程组中线程的数量。如果不在并行区域内调用，则返回值为1
int omp_get_max_threads（void）；	返回在并行区域内能够得到的线程最大数量
int omp_get_thread_num（void）；	返回正在执行代码的子线程的线程编号
int omp_get_num_procs（void）；	返回程序正在调用的设备可以提供的处理器数量
int omp_in_parallel（void）；	确定正在运行的代码区域处于并行状态还是串行状态。如果处于并行状态，则返回值为真；否则为假
void omp_set_dynamic（int dynamic_threads）；	确定是否动态设定并行区域执行的线程数量。如果是假，那么按照并行区域前函数 omp_set_num_threads 或并行控制中 num_threads 子句确定并行区域内线程数量；如果是真，那么运行时会根据系统资源等因素进行调整。"动态调整"并不是表示并行块执行的过程中会动态变化线程组线程数量，而是在设置了"动态"之后，接下来的并行区域会根据系统的当前状况进行判断来分配合理的线程数量。默认值是假
int omp_get_dynamic（void）；	如果允许动态调整线程数量，则返回值为真；否则为假

运行环境操作函数	描　　述
int omp_get_cancellation（void）;	返回取消状态的值，如果为 true 则取消状态被激活，否则返回 false
void omp_set_nested（int nested）;	确定是否能够嵌套并行。如果是真，则允许嵌套并行；否则不允许嵌套并行。默认值是假
int omp_get_nested（void）;	如果允许嵌套并行，则返回值为真；否则为假
void omp_set_schedule（omp_sched_t kind, int chunk_size）;	设置循环调度策略。如果循环调度策略为运行时调度（runtime），则通过设置 kind 的值来确定调度策略
void omp_get_schedule（omp_sched_t * kind, int * chunk_size）;	返回正在使用的调度策略参数
int omp_get_thread_limit（void）;	返回可用线程的最大数量
void omp_set_max_active_levels（int max_levels）;	限制嵌套并行区域的最大数量
int omp_get_max_active_levels（void）;	返回活动的嵌套并行区域的最大数量
int omp_get_level（void）;	对正在使用的设备区域，返回嵌套并行区域的数量
int omp_get_ancestor_thread_num（int level）;	对于指定的嵌套区域，返回当前线程的上层线程号
int omp_get_team_size（int level）;	对于指定的当前嵌套层，返回线程组的线程数量
int omp_get_active_level（void）;	返回正在调用的嵌套并行区域的数量
int omp_in_final（void）;	如果程序在最终任务区域中执行，则返回值为真；否则，返回值为假
omp_proc_bind_t omp_get_proc_bind（void）;	返回线程与处理器的绑定策略
int omp_get_num_places（void）;	返回可用于执行环境的可用位置数量
int omp_get_place_num_procs（int place_num）;	返回指定位置的执行环境的可用处理器的数量
void omp_get_place_proc_ids（int place_num, int * ids）;	返回指定位置的执行环境可用处理器的数字标识符
int omp_get_place_num（void）;	返回遇到的线程所绑定位置的位置编号
int omp_get_partition_num_places（void）;	返回最内层隐式任务的位置分区中的位置数量
void omp_get_partition_place_nums（int * place_nums）;	返回最内层隐式任务的相应位置编号列表
void omp_set_default_device（int device_num）;	通过默认目标设备号来控制默认的目标设备
int omp_get_default_device（void）;	返回默认目标设备的设备号
int omp_get_num_devices（void）;	返回目标设备的数量
int omp_get_num_teams（void）;	返回当前区域的线程组的数量，如果在线程组区域之外调用则返回值为 1
int omp_get_team_num（void）;	返回当前调用线程的线程组号
int omp_is_initial_device（void）;	如果当前任务在主机设备上执行，则返回 true；否则，它返回 false

运行环境操作函数	描　　述
int omp_get_initial_device（void）;	返回代表主机设备的设备编号
int omp_get_max_task_priority（void）;	返回可以在子句 priority 中指定的最大值
void * omp_target_alloc（size_t size, int device_num）;	在设备数据环境中分配内存
void omp_target_free（void * device_ptr, int device_num）;	释放由函数 omp_target_alloc 分配的设备内存
int omp_target_is_present（void * ptr, int device_num）;	验证给定设备上的主机指针是否具有关联的设备缓冲区
int omp_target_memcpy（void * dst, void * src, size_t length, size_t dst_offset, size_t src_offset, int dst_device_num, int src_device_num）;	在主机和设备指针之间复制内存
int omp_target_memcpy_rect（void * dst, void * src, size_t element_size, int num_dims, const size_t * volume, const size_t * dst_offsets, const size_t * src_offsets, const size_t * dst_dimensions, const size_t * src_dimensions, int dst_device_num, int src_device_num）;	从一个多维数组的矩形子集复制给另一个多维数组
int omp_target_associate_ptr（void * host_ptr, void * device_ptr, size_t size, size_t device_offset, int device_num）;	将可能从函数 omp_target_alloc 或实现定义的运行时程序返回的设备指针映射到主机指针
int omp_target_disassociate_ptr（void * ptr, int device_num）;	从主机指针中删除给定设备的关联指针

对于 OpenMP 的环境变量而言，大部分环境变量都有对应的库函数，两者的功能是一样的。当环境变量和库函数同时使用时，库函数的优先级更高。

7.2.2　OpenMP 时间函数

OpenMP 提供的时间函数有两个 omp_get_wtime 和 omp_get_wtick。表 7-4 表明，这两个函数的返回值均是一个双精度实数。如果要得到系统时间，建议使用函数 omp_get_wtime，函数返回值的单位是秒。函数 omp_get_wtime 一般成对出现，它们的返回值之差即表示执行这两个时间函数之间的代码块所需的时间。其基本用法为：

```
double t1,t2;

t1=omp_get_wtime();
代码块
t2=omp_get_wtime();
printf("Elapsed CPU time =%lf seconds. \n",t2-t1);
```

表 7-4 时间函数

时间函数	描述
double omp_get_wtime( )	返回值是一个双精度实数,单位为秒。此数值是相对于某个参考时刻而言已经经历的时间。参考时刻在程序运行过程中保持不变
double omp_get_wtick( )	返回值是一个双精度实数,单位为秒。此数值等于连续的时钟计时周期之间的秒数,即计时器的精度

下面举一个例子说明时间函数的用法。

```cpp
/*  File:tt. cpp  */
/*  program:timetick  */
#include<stdio. h>
#include<math. h>
#include <stdlib. h>
#include<omp. h>
#define m 10000
int main( )
{
    int i,j;
    double start_time,end_time,used_time,tick,x;

    omp_set_num_threads(2);

    start_time=omp_get_wtime( );
    printf("start_time=%e seconds. \n",start_time);
    x=0;
    for(i=1;i<m+1;i++)
    {
        #pragma omp parallel for private(j) lastprivate(x)
        for(j=1;j<m+1;j++)
        {
            x=x+log(pow(2. 71828,(pow(sin(pow(1. 1,1. 1)),1. 1)+1. 0))+1. 0);
        }
    }
    end_time=omp_get_wtime( );
    printf("end_time=%e seconds. \n",end_time);
    used_time=end_time-start_time;
    printf("used_time=%e seconds. \n",used_time);
    printf("x=%e\n",x);

    printf("\n");
    tick=omp_get_wtick( );
    printf("tick=%e seconds. \n",tick);
    return 0;
}
```

执行上述代码后，运行结果如下：

```
start_time = 1. 925205e+05 seconds.
end_time = 1. 925207e+05 seconds.
used_time = 1. 774017e-01 seconds.
x = 1. 013672e+08

tick = 1. 000000e-09 seconds.
```

从程序和输出结果可以看出，上述程序具有如下特点：

（1）编程人员通常关心的是程序运行的准确耗时，而不关心当前的时间，因此需要调用两次 omp_get_wtick() 函数，并将两次的返回值求差值。

（2）程序只对内循环实行了并行。这样，每执行一次外循环，就进行一次创建和销毁线程组的操作，这大大增加了时间消耗。因此，在对循环的实际应用中，尽量对外循环进行并行。

（3）针对本计算系统，连续的时钟计时周期为 0.001 微秒，即时钟计时精度为 0.001 微秒。

7.2.3   热点分析

对源程序的所有代码均进行优化是不现实也是不必要的。在实际应用中，针对程序热点（计算耗时较长程序代码段）进行优化是实现高性能计算最简捷最有效的方法。这就要求编程人员在进行程序优化过程中忽略次要矛盾，抓住主要矛盾。这句话包含如下含义。

（1）程序热点是指程序中最耗时的代码。通常，80%的程序计算量分布在 20%的代码中，而对这 20%的程序热点进行分析和优化则需要花费 80%的编程时间。这就是软件开发中的著名的"二八原则"。

（2）部分代码块的计算工作量不大，并行后的效率不明显。如果考虑线程创建、同步等并行开销，并行的执行时间可能比串行时间更长。因此，不必要对这样的代码块进行并行化。

（3）部分代码块的语句或循环迭代次序存在依赖性，如果强制进行并行则会给出不同的结果。因此，部分代码块只能串行，不能并行。

程序热点一般指的是热点循环、热点函数和热点子程序。这些热点循环、热点函数和热点子程序所占比例以及算法的并行性和可扩展性是在程序设计过程中需要考虑的重点问题。程序热点的确定可以采用时间函数来进行动态分析。

下面举一个例子说明如何确定程序的热点。

```cpp
/* File:chs. cpp   */
/* program:check_hot_spots   */
#include <stdio. h>
#include <math. h>
#include <omp. h>
double start,end,start0,end0,tsum;
int loop_times = 0,fun1_times = 0,fun2_times = 0;
double loop_cal = 0. 0,fun1_cal = 0. 0,fun2_cal = 0. 0;
```

```
void func1( double x, double y, double z, int m)
{
    int i,j;

    start = omp_get_wtime( );
    for( i = 1; i<m+1; i++)
    for( j = 1; j<m+1; j++)
    {
        x = sin( x+sin( log( double( m) ) ) );
        y = cos( x+y-cos( log( double( i) ) ) );
        z = sin( x+y+z+cos( log( abs( x+y) +j) ) );
    }
    end = omp_get_wtime( );
    fun1_times = fun1_times+1;
    fun1_cal = fun1_cal+end-start;

    printf( "fun 1: x = %lf, y = %lf, z = %lf\n", x, y, z);
    return;

}


void func2( double x, double y, double z, int m)
{
    int i,j;
    double u = 1.0, v = 2.0;

    func1( -x, y, z, m);

    start = omp_get_wtime( );
    for( i = 1; i<m+1; i++)
    for( j = 1; j<m+1; j++)
    {

        u = cos( x+sin( cos( log10( m) ) ) );
        v = exp( cos( u+sin( cos( double( m) ) ) ) );
        x = sin( x+v+sin( log( double( m) ) ) );
        y = cos( x+y-cos( log( double( i) ) ) );
        z = sin( x+y+z+cos( log( abs( x+y) +j) ) );
    }
    end = omp_get_wtime( );
    fun2_times = fun2_times+1;
    fun2_cal = fun2_cal+end-start;

    printf( "fun 2: x = %lf, y = %lf, z = %lf\n", x, y, z);
    return;
}
```

```
int main( )
{
    int i,j,k,m=500;
    double x=1.0,y=2.0,z=3.0;

    start0 = omp_get_wtime( );

    start = omp_get_wtime( );
    for(i=1;i<m+1;i++)
    for(j=1;j<m+1;j++)
    {
        x=sin(x+sin(log(double(m))));
        y=cos(x+y-cos(log(double(i))));
        z=sin(x+y+z+cos(log(abs(x+y)+j)));
    }
    end = omp_get_wtime( );
    loop_cal=loop_cal+end-start;
    loop_times=loop_times+1;

    func1(x,y,z,m);
    func2(x,y,z,m);

    printf("x=%lf,y=%lf,z=%lf\n",x,y,z);

    end0 = omp_get_wtime( );
    tsum=end0-start0;

    printf("---------hot spots analysis result---------\n");
    printf("Total calculatal time=%f seconds\n",tsum);
    printf("loop&func times cal_time(s)   cal_time(%)\n");
    printf("    loop1   %ld    %E   %2f %\n",loop_times,loop_cal,loop_cal/tsum*100);
    printf("    func1   %ld    %E   %2f %\n",fun1_times,fun1_cal,fun1_cal/tsum*100);
    printf("    func2   %ld    %E   %2f %\n",fun2_times,fun2_cal,fun2_cal/tsum*100);
    return 0;
}
```

执行上述代码后，运行结果如下：

```
fun 1:x=-0.682081,y=-0.770163,z=-0.992322
fun 1:x=-0.682081,y=-0.770163,z=-0.992322
fun 2:x=0.249668,y=0.974463,z=0.451344
x=-0.682081,y=-0.770163,z=-0.992322
---------hot spots analysis result---------
Total calculatal time=0.119434 seconds
loop&func times cal_time(s)   cal_time(%)
```

loop1	1	2.615595E-02	21.899897 %
func1	2	5.199575E-02	43.535093 %
func2	1	4.118490E-02	34.483364 %

从程序和输出结果可以看出，上述程序具有如下特点：

（1）为了减少工作量，编程人员应首先分析数学模型及其算法，从中挑选出 4~5 个可能的热点循环或热点函数，然后进行分析评价。在本例中，可能存在的热点位置分别是主程序中的循环，函数 func1 和 func2。

（2）编程人员进行程序热点分析时只须关注两个参数：调用次数、实际消耗时间和耗时比例。为了减少工作量，应尽量不改变原程序函数的输入输出参数，因此，可将插入的测试代码中的变量（热点统计分析所涉及的时间参数，循环调用频率，循环耗时）定义为全局变量。这样在不改变原程序中函数和子程序的参数表的情况下，就能将统计结果带回主程序。

（3）在本系统中，函数 omp_get_wtime（）的时间精度为 0.001 微秒，能够满足大部分计算程序耗时统计要求。

（4）程序的运行结果与编译器版本和优化开关的选择有关。在本例中使用的优化开关为 -O2。

（5）函数 fun1 和函数 fun2 的调用次数分别为 1 和 2。因此函数 1 的调用次数最高，总计算耗时高达 43.5%。这是由于函数 fun2 调用函数 fun1 造成的。这样，可以确定函数 fun1 是程序优化的热点。一般而言，当循环或函数的计算耗时达到 10% 以上，均可作为热点进行优化。

（6）在优化过程中，函数 fun2 的耗时应该减去函数 fun1 调用的影响，这样才能正确评估函数 fun1 和函数 fun2 的实际耗时。

（7）时间函数还可以使用 C/C++语言的时间函数。例如：time、asctime、ctime、gettimeofday、difftime、gmtime、localtime、mktime 和 clock 等。

7.2.4　锁函数

锁机制是为了维护一块代码或者一块内存的一致性，从而使所有在其上的操作串行化。具体而言，线程在访问共享资源时对其加锁，在访问结束时进行解锁，这样可以保证在任意时间内，始终只有一个线程处于临界块中。其他希望进入临界块的线程都需要对锁进行测试。如果该锁已经被某一个线程所持有，则测试线程就会被阻塞，直到该锁被释放。否则，测试线程会不断重复上述过程。当锁使用完毕后，需要对锁进行销毁。

OpenMP 内包含两种类型的锁——简单锁和可嵌套锁，每一种都可以有三种状态——未初始化、已上锁和未上锁。简单锁不可以多次上锁，即使是同一线程也不允许。OpenMP 可以对锁实行以下五个操作：初始化（initialize）、上锁（set）、解锁（unset）、测试（test）和销毁（destory）。

相对于其他函数而言，锁操作相当复杂。表 7-5 给出了上述 5 种锁操作所对应的锁函数。

表 7-5   锁函数

锁 函 数	描 述
void omp_init_lock（omp_lock_t ＊lock）；	初始化一个简单锁
void omp_set_lock（omp_lock_t ＊lock）；	简单锁加锁操作。执行该函数的线程阻塞等待加锁完成，得到简单锁的所有权
int omp_test_lock（omp_lock_t ＊lock）；	非阻塞加锁，不阻塞线程的执行。对于简单锁，如果锁已经成功设置，返回值为真。否则，返回值为假
void omp_unset_lock（omp_lock_t ＊lock）；	简单锁解锁，释放当前运行的线程对此简单锁的占有权
void omp_destroy_lock（omp_lock_t ＊lock）；	销毁简单锁并释放内存
void omp_init_nest_lock（omp_nest_lock_t ＊lock）；	初始化一个嵌套锁
void omp_set_nest_lock（omp_nest_lock_t ＊lock）；	嵌套锁加锁操作。执行该函数的线程阻塞等待加锁完成，锁计数器加 1，得到或保留此嵌套锁的所有权
int omp_test_nest_lock（omp_nest_lock_t ＊lock）；	非阻塞加锁，不阻塞线程的执行。对于嵌套锁，如果锁已经成功设置，返回值为锁计数器的新值。否则，返回值为 0
void omp_unset_nest_lock（omp_nest_lock_t ＊lock）；	嵌套锁解锁，锁计数器减 1
void omp_destroy_nest_lock（omp_lock_t ＊lock）；	销毁嵌套锁并释放内存

7.2.4.1   简单锁

简单锁不可以多次上锁，即使是同一个线程也不允许。除了线程尝试给已经被某个线程持有的锁进行上锁操作不会阻塞外，其他情况线程均处于阻塞状态。.

下面举一个例子说明阻塞加锁的用法。

```
/ ＊   File：lock. cpp   ＊ /
/ ＊   program：lock    ＊ /
#include<stdio. h>
#include<omp. h>
#define m 5
int main（ ）
{
    int tid,i;
    omp_lock_t lck；

    omp_set_num_threads（3）；
    omp_init_lock（ &lck）；
    #pragma omp parallel for private（tid,i）shared（lck）
    for（i＝0；i<m；i++）
    {
        tid＝omp_get_thread_num（ ）；
        omp_set_lock（ &lck）；
        printf（"thread id＝%d,i＝%d\n",tid,i）；
        omp_unset_lock（ &lck）；
    }
    omp_destroy_lock（ &lck）；
    return 0；
}
```

上述代码的执行结果如下：

```
thread id = 0 , i = 0
thread id = 2 , i = 4
thread id = 1 , i = 2
thread id = 1 , i = 3
thread id = 0 , i = 1
```

从程序和输出结果可以看出，上述程序具有如下特点：

（1）首先在进入并行区域前申请了 3 个线程，然后主线程 0 调用函数 omp_init_lock 初始化一个简单互斥锁。

（2）进入并行区域后，循环指标变量（i=0~4）被分割为三个部分：主线程 0 负责（i=0，1），子线程 1 负责（i=2，3），子线程 2 负责（i=4）。子线程 0 调用函数 omp_set_lock 进行加锁操作而获得了锁。由于简单锁已被线程 0 加锁，因此线程 1 和线程 2 加锁失败。这就意味着正在执行的线程 0 早已拥有了简单锁。线程 0 在完成输出拥有锁的信息后调用函数 omp_unset_lock 进行解锁操作。

（3）在线程 0 进行解锁操作后，线程 2 调用函数 omp_set_lock 进行加锁操作而获得了锁。由于简单锁已被线程 2 加锁，因此线程 1 加锁失败。线程 2 在完成输出拥有锁的信息后调用函数 omp_unset_lock 进行解锁操作。

（4）在线程 2 进行解锁操作后，线程 1 调用函数 omp_set_lock 进行加锁操作而获得了锁。线程 1 在完成输出拥有锁的信息后调用函数 omp_unset_lock 进行解锁操作。

（5）在并行区域结束后，调用函数 omp_destroy_lock 销毁简单锁，释放内存。

（6）加锁操作的特点是，当一个线程加锁以后，其余请求锁的线程将形成一个等待队列，并在解锁后按优先级获得锁。因此，结构 for 内加锁和解锁之间的代码只允许一个线程执行。虽然试图将此 for 循环采用 3 个线程进行并行，但在实际执行过程中，当一个线程执行任务时，其他线程处于阻塞状态。

7.2.4.2 嵌套锁

嵌套锁与简单锁没有实质的不同。它们之间的区别在于使用嵌套锁时会引用锁计数器从而记录嵌套锁已被上锁的次数。事实上，简单锁就是一个一重嵌套锁。当一个子程序被所在程序的不同位置反复调用时，嵌套锁的合理使用能使编程人员不用担心子程序的调用次序问题。

同简单锁一样，可嵌套锁也有三种状态——未初始化、已上锁和未上锁。OpenMP 对可嵌套锁也可以实行以下五个操作：初始化（initialize）、上锁（set）、解锁（unset）、测试（test）和销毁（destory）。除了当线程尝试给已经持有的锁上锁时不会阻塞外，线程还可以通过引用锁计数器可以知道嵌套锁已经被上锁了几次。除此之外，可嵌套锁与简单锁并没有其他差异。

7.2.4.3 死锁

通过锁操作可以在一定程度上避免数据竞争。每个线程在访问共享变量时必须申请得到锁，然后访问共享变量，访问完毕则要释放锁，以便其他线程访问共享变量。但是锁操作也会带来严重的问题。锁的最突出问题就是死锁。所谓死锁，是指各子线程彼此互相等

154

待对方所拥有的资源，且这些线程在得到对方的资源之前不会释放自己所拥有的资源。这样，各线程都想得到资源而又都得不到资源，造成各子线程都不能继续执行。

下面考虑一个最简单的死锁例子。当两个线程以相反的顺序申请两个锁时，会出现死锁。线程 1 获得了锁 1，线程 2 获得了锁 2；然后线程 1 申请获得锁 2，同时线程 2 申请获得锁 1。这样，两个线程将永远阻塞，死锁就发生了。

死锁的发生的条件是多方面的，下面给出死锁出现必须满足的四个条件[3]：

（1）互斥条件：线程对资源的访问是独占的，即每次只允许一个线程使用。如果另一个线程申请此资源，则申请线程必须等待至此资源被释放为止。

（2）非抢占条件：线程所占有的资源在未使用完毕之前，不能被其他进程强行抢夺，而只能由获得该资源的线程自己释放。

（3）占有并等待条件：一个线程在已经占有一个资源的同时继续请求其他资源，但是所申请的资源被其他线程所占有。所有线程在等待新资源的同时都不释放已经占有的资源。

（4）循环等待条件：线程对资源的请求形成一个循环链。链中每个线程占有的资源同时被下一个线程所申请。

死锁的预防就是破坏这些条件。具体方法如下[3]：

（1）每个线程都复制原本需要互斥访问的资源。这样，每个线程都拥有所需要资源的私有副本。每个线程可以通过访问自己的私有副本来实现对资源的访问，从而避免使用锁。如果需要的话，可在程序的最后再将每个线程所占有资源的副本进行合并从而形成一个单一的共享资源副本。

（2）如果资源无法被复制，就必须按照一定的顺序获取资源（锁），并确定适当的规则来获取锁。常用的规则有：1）如果所有锁都与一个名称关联，那么可以利用字母表作为定序规则。2）根据数据结构的拓扑结构如链表、树等作为定序规则。3）如果知道将要访问的锁地址，则可以按照地址对锁进行排序。

（3）不抢占已经分配的资源。即当一个线程无法获取其他资源时，首先放弃自己已经占有的资源。

避免死锁是多线程程序的挑战之一。为了避免死锁的发生，建议在编程时遵循以下原则：

（1）对程序只进行局部并行优化，不要进行全局优化，从而减少程度的复杂性。

（2）对共享资源操作前一定要获得锁，完成操作以后一定要释放锁，同时要尽量短时间地占用锁。

（3）加锁顺序是关键。使用嵌套锁必须以相同顺序获取锁，以获取锁相反的顺序来释放锁。

（4）线程错误返回时应该释放它所获得的锁。

（5）复杂的加锁方案也可能造成死锁，因此尽量采用简单的加锁方案。

7.2.4.4　锁拥有者的变迁

从 OpenMP 2.5 升级到 OpenMP 3.0 以后，锁的拥有者发生了变化。在 OpenMP 2.5 中，线锁拥有锁，所以解锁的操作应由遇见此锁函数的线程来执行。换言之，加锁操作和解锁操作可以不在同一个并行区域内；但是在 OpenMP 3.0 中，锁由任务区域所拥有，因此解锁操作和加锁操作必须在同一个任务区域内。上述关于简单锁和嵌套锁的例子均既符合 OpenMP 2.5 规范，也符合 OpenMP 3.0 规范。

锁的拥有者的变化要求编程人员在使用锁时必须十分小心。下面的程序符合 OpenMP 2.5 规范，但是不符合 OpenMP 3.0 规范。

```cpp
/*  File:lock25. cpp  */
/*  program:lock25  */
#include <stdio. h>
#include <omp. h>
static omp_lock_t lck;
int main( )
{
    int tid,i=0;

    omp_set_num_threads(3);
    omp_init_lock(&lck);
    omp_set_lock(&lck);
    #pragma omp parallel firstprivate(i,tid)shared(lck)
    {
        #pragma omp master
        {
            i=i+1;
            tid=omp_get_thread_num( );
            omp_unset_lock(&lck);
            printf("thread=%d,id=%d\n",tid,i);
        }
    }
    omp_destroy_lock(&lck);
    return 0;
}
```

上述代码的执行结果如下：

```
thread=0,id=1
```

从程序和输出结果可以看出，上述程序具有如下特点：

（1）因为执行串行区的线程就是执行并行区域的线程组中的主线程 0。因此在串行区由主线程 0 进行加锁操作；而在并行区，由于使用了指令 master，因此执行解锁操作的线程也是主线程 0。这样，上述程序符合 OpenMP 2.5 规范。

（2）加锁操作（调用 omp_set_lock 函数）是在串行区域进行，而解锁操作（调用 omp_unset_lock 函数）却在并行区域进行。换言之，加锁操作和解锁操作不在同一个任务区域进行，这样，上述程序不符合 OpenMP 3.0 规范。

7.3 小 结

本章介绍了 OpenMP 中运行环境的设置方法。在目前的运行环境设置方法中，运行环境操作库函数的优先级最高，在操作环境中设置环境变量的优先级次之，操作环境的默认变量优先级最低。

OpenMP 中的库函数包括环境操作库函数，锁函数和时间函数。锁函数用于保障并行程序的正确运行，并同时要注意避免死锁的出现。时间函数常用于编程人员对程序的优化。不同编译器支持不同的时间函数，但是 OpenMP 定义了两个时间函数 omp_get_wtime（）和 omp_get_wtick（）。编程人员在实际应用过程中需要注意，时间函数可根据需要采用 OpenMP 定义的时间函数或 C/C++的时间函数，调用时间函数是为了确定程序的热点从而确定需要并行的程序区域。

练习题

7.1 请给出目前所使的计算机的操作系统类型，并将环境变量 OMP_ NUM_ THREADS 的值设为 2。

7.2 请列出目前使用的 C/C++编译器所支持的时间函数。

7.3 请编写一个程序计算圆周率，并利用时间函数给出此程序的计算耗时。

7.4 C/C++编写一个利用锁操作实现寻找一个实数数组 $x(i, j, k) = \dfrac{3i + 4j - 2k}{i \times j \times k}(i, j, k = 1 \sim 100)$ 的最小值并指出最小值对应的下标。

7.5 使用通过指令 critical 实现阻塞加锁程序 lock. cpp。

7.6 利用锁操作寻找求一个正整数数组中最大的元素，其中正整数数组可通过随机方式生成。

7.7 请分析死锁产生的原因及产生的条件，并给出避免死锁所遵循的原则。

7.8 举例说明 OpenMP 3.0 和 OpenMP 2.5 中对锁操作的区别。

8 任 务

OpenMP 2.5 是为程序中较规则的数组循环结构而设计的基于线程的并行计算标准。它提供 for、section 等静态的显式任务划分，但对于动态或者非规则的多任务并行则不能提供直接和高效的支撑。在现实应用中，编程人员需要一种简单的方法来标识这些独立的工作单元，并且希望在执行过程中不必关心这些工作单元的调度。通常，这些工作单元以动态方式产生，并需要异步执行。但是对于这样的工作单元，OpenMP 2.5 不能很好地提供支持。因此，OpenMP 3.0 规范定义了任务[23~32]级并行，并加入一些任务并行的指导语句。

任务的引入有助于应用程序的并行化，其中任务工作单元是动态生成的，应像在递归结构或 do while 循环中一样。在应用过程中，编程人员会遇到两类任务：显式任务和隐式任务，如图 8-1 所示。

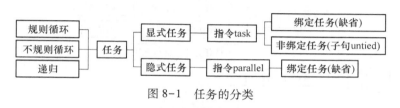

图 8-1　任务的分类

8.1　任务简介

任务是一个独立的工作单元，它由可运行的代码和数据环境组成[23,24,26]。其中，可运行代码是由创建该任务的线程在遇到任务结构时根据代码块进行封装打包的，而数据环境则是该线程根据任务结构的数据共享属性语句进行封装打包的。当线程遇到 task 结构或 parallel 结构时就会生成任务。

在大多数的情况下，并行程序会用一个线程按照程序代码的顺序生成任务；在不附加何限制的情况下，这些任务将放入到任务池中，由空闲的线程取出执行，如图 8-2 所示。换言之，任务的默认执行顺序是未指定的、随机的。因此，任务的依赖关系、任务的创建、执行过程是本章的重点，如图 8-2 和图 8-3 所示。

当线程执行一个任务时，就会生成一个任务区域。任务区域是一个线程在执行任务过程中遇到的全部代码区域。一个并行区域可以包含一个或多个任务区域。内层的任务结构（included task）可以嵌套在外层的任务结构中，但是内层的任务区域和外层的任务区域之间不存在关系，是两个独立的区域。

任务的执行必须具备三大要素：代码块、数据环境以及执行任务的线程。而执行任务的线程具有两个显著特征：

（1）每个遇到任务的线程会执行任务的一部分。

（2）线程组中的部分线程会稍后执行任务。

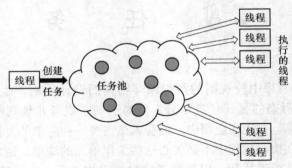

图 8-2 任务的创建和执行

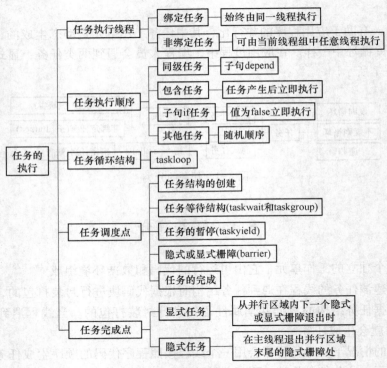

图 8-3 任务执行的关键

8.1.1 任务结构

结构 task 的定义方法如下：

```
#pragma omp task [子句列表]
                if(标量表达式)
                final(标量表达式)
```

```
                    untied
                    default( shared | none)
                    mergeable
                    private( 变量列表)
                    firstprivate( 变量列表)
                    shared( 变量列表)
        结构块
```

方括号 [ ] 表示可选项。在任务的子句 shared 中的变量是指在 task 指令之前的同名变量。对于每个 private 和 firstprivate 变量，都会创建一个新的副本；遇到任务时，将会使用原始变量的值初始化 firstprivate 变量。

需要注意的是，结构 task 绑定的线程组是当前的线程组，且 task 区域必须位于封闭的 parallel 区域的内部。

8.1.2　任务类别

8.1.2.1　孤立任务和并行区域任务

对于任务而言，如果其位于并行区域之外，则此任务就是孤立任务；如果其位于并行区域内部，则此任务是并行区域任务。下面给出一个例子来说明孤立任务和并行区域任务的区别。

```cpp
/ *  File:orphan. cpp  */
/ *  program:orphan _task  */
#include <stdio. h>
#include <omp. h>

void print_task( int k)
{
    int tid,nthreads;
    tid = omp_get_thread_num( );
    nthreads = omp_get_num_threads( );
    printf( "print task:nthreads = %d,thread id = %d,k = %d\n",nthreads,tid,k);
    return;
}

void foo( void)
{
    for( int i = 1;i<3;i++)
        #pragma omp task firstprivate( i)
        print_task( i);
    return;
}
```

```
int main( )
{
        printf("orphan task\n");
        foo( );

        printf("parallel region\n");
        #pragma omp parallel num_threads(4)
        {
                #pragma omp single
                foo( );
        }
        return 0;
}
```

执行上述代码后，运行结果如下：

```
orphan task
print task:nthreads=1,thread id=0,k=1
print task:nthreads=1,thread id=0,k=2
parallel region
print task:nthreads=4,thread id=2,k=1
print task:nthreads=4,thread id=3,k=2
```

从程序和输出结果可以看出，上述程序具有如下特点：

（1）第一次调用函数 foo 操作发生在串行区域（并行区域外部）。此时，函数 foo 中"#pragma omp task"定义的任务为孤立任务。因此 task 编译指导语句不会起作用，而仅是串行地调用函数 foo。此时，执行任务的线程组数量为 1，执行任务的线程号为 0。

（2）第二次调用函数 foo 操作发生在并行区域（num_threads 定义了 4 个子线程）内部，所产生的任务是并行区域任务。由于采用了指令 single，因此只有一个线程执行函数 foo，但是有多个线程去执行 print_task 任务（线程 2 和线程 3）。

8.1.2.2 显式任务和隐式任务

指令 task 定义了与任务及相应的数据环境相关联的代码。其任务结构可以放在程序中任何位置。当线程遇到 task 结构时，就生成新的任务。当线程执行任务时，可能选择立即执行任务方式或延迟执行任务方式。任务的实际执行方式取决于任务调度。如果线程选择的是延迟执行任务方式，则任务会被放置在与当前并行区域相关联的任务池中。当前线程组中的线程将任务从该任务池中取出，并执行这些任务，直到该任务池为空。执行任务的线程可能不是最初遇到该任务的线程。如果在 task 结构中使用 if 子句且标量表达式的值为 false，那么会生成一个不延迟的任务。遇到此任务的线程必须挂起正在执行的当前 task 区域而立即去执行此任务，直到此任务完成之后才会恢复以前的 task 区域。这样，使用 if 子句可以避免产生过多的细粒度任务。

在任务池中，任务通过 next 指针与下一个任务链接。为保存任务的层次和任务间的依赖关系，每个任务结构都有一个计数器，记录其活跃的子任务（当前任务直接产生的任务）数量。当任务创建一个新任务时，它的计数器会加一，而当它完成一个子任务时，父任务的计数器会减一。当任务遇到 taskwait 时，查看自己的计数器是否等于零，如果是，表明子任务已经完成，不需等待；否则，需要等待。

隐式任务是在隐式并行区域（在 parallel 区域串行执行的代码区域）生成的任务，或是在执行期间遇到 parallel 结构时生成的任务。在后一种情况下，每个隐式任务的代码都是在 parallel 结构内的代码，并且每个隐式任务会分配给线程组中的不同子线程。

下面这个例子给出了隐式任务和显式任务。

```c
/* File:tei. c */
/* program:task_explicit_implicit */
#include <stdio. h>
#include <omp. h>
int main( )
{
    omp_set_num_threads(4);
    #pragma omp parallel
    {
        printf("A ");

        #pragma omp task
        printf("race(thread id= %d)\n",omp_get_thread_num( ));

        printf("car ");
    }
    return 0;
}
```

执行上述代码后，运行结果如下：

```
A A A A car car car race(thread id= 1)
car race(thread id= 1)
race(thread id= 0)
race(thread id= 2)
```

或

```
A A A A car car car race(thread id= 2)
car race(thread id= 2)
race(thread id= 0)
race(thread id= 1)
```

或

```
A A car race(thread id= 0)
race(thread id= 0)
A car A car race(thread id= 0)
car race(thread id= 1)
```

或

```
A A car A A race(thread id= 0)
race(thread id= 0)
race(thread id= 0)
race(thread id= 0)
```

当然，还存在其他的输出结果，这里不再赘述。

从程序和输出结果可以看出，上述程序具有如下特点：

（1）在并行区域中，存在 2 个隐式任务："printf（"A"）"和"printf（"car"）"，存在 1 个显式任务：由#pragma omp task 定义的"printf（"race（thread id=%d） \ n"，omp_get_thread_num（））"。

（2）任务运行顺序是不确定。

（3）执行任务的线程是不确定的。

8.1.2.3　绑定任务和非绑定任务

与任务关联的代码仅被执行一次。如果任务代码从始至终均由一个线程来执行，则称此任务为绑定（tied）任务。在执行绑定任务过程中，执行绑定任务的线程可以在执行本任务期间暂停执行绑定任务，进行任务切换去执行其他任务，但是在以后某个时刻必须要返回继续执行本绑定任务。

如果任务可以由多个子线程执行，即不同的子线程执行任务代码的不同部分，则此任务为非绑定（untied）任务。非绑定任务在暂停后，并不要求继续执行本任务的子线程是开始执行此任务的子线程，而可以由在当前线程组中任何子线程来恢复执行该非绑定任务。这样，任务切换可能发生在非绑定任务中的任何位置。

显式任务可以进一步划分为绑定（tied）任务和非绑定（untied）任务两种。没有使用子句 united 的显式任务和隐式任务都是绑定任务。编程人员可以通过使用指令 task 和子句 untied 将显式任务定义非绑定任务。

隐式任务在任务调试点处可以被不同的线程执行，这种任务有助于调节负载平衡。因为非绑定（untied）任务可能在任意点处在线程间迁移，因此非绑定任务能够导致无法预料的结果。为了防止此类事件的发生，需要注意的事项如下：

（1）避免使用 threadprivate 变量。

（2）避免使用线程号（例如 omp_get_thread_num（））用于并行计算。

（3）小心使用 critical 区域和锁。

8.1.2.4　不延迟任务和延迟任务

不延迟（undeferred）任务是指相对于生成任务，不会延迟执行的任务。换言之，在不延迟任务执行完成前，生成任务区域会暂停。不延迟任务可能不会被遇到该任务的线程立即执行。它可能会被放置在任务池中，然后由遇到该任务的线程或其他线程稍后执行。当任务执行完成后，生成任务才会恢复执行。例如，子句 if 表达式求值结果为 false 的任务即是一个不延迟任务。此时，遇到该不延迟任务的线程必须暂停当前的任务区域；在包含子句 if 的任务完成前，不会恢复当前任务区域的执行。

延迟执行任务会被放置在与当前 parallel 区域相关联的任务池中。当前线程组中的线程会从该任务池中取出任务，并执行这些任务，直到该任务池为空。但是执行任务的线程可能不是最初遇到该任务并将该任务放置到任务池中的线程。

8.1.2.5 包含任务、最终任务

包含（included）任务将由遇到该任务的线程立即执行，而不会放在任务池中稍后执行。此类任务的执行按顺序包含在生成任务区域中。包含任务嵌套在另一个任务结构中，但是包含任务并不属于外部的 task 区域的一部分。与不延迟任务一样，在包含任务的完成前将暂停生成任务，当包含任务执行完成后才会恢复生成任务。

最终（final）任务会强制其所有子孙任务都成为最终任务和包含任务。当子句 final 存在于指令 task 中，且子句 final 表达式求值结果为 true 时，生成的任务将是最终任务。包含任务是最终（final）任务的子孙。需要注意的是，在子句 final 表达式中使用变量会导致对所封闭结构中的变量进行隐式引用。

8.1.2.6 合并任务

合并（merged）任务是指其数据环境与其生成任务区域的数据环境一样的任务。如果子句 mergeable 存在于指令 task 中，且生成的任务为不延迟任务或包含任务，则可能会选择生成合并任务。如果生成了合并任务，则相应行为就好像不存在 task 指令一样。

8.2 任务的创建

任务的创建是任务执行的第一步。通常，采用一个线程来生成任务，而线程组中其他线程来执行这些任务，如图 8-2 所示。

当任务的数量 m 很大时，比如 m = 10000，可以使用指令 for。而使用 sections 指令无疑是极不方便的，且 sections 指令不能使用嵌套形式，例如：

```
#pragma omp sections
for( int i = 0;i<m;i++)
{
        #pragma omp section
        call print_task( a[i]);
}
```

这样的程序是不符合 OpenMP 规范的。因此指令 sections 所执行的任务是显式的，任务的分配是静态的。而指令 for 在并行执行之前，必须进行任务的划分；当循环指标变量的增量不确定时，就无法给出正确的结果。例如：

```
#pragma omp parallel for
for( int i=1;i<m,i=i+b[i])
    call print_task(a[i]);
```

在上例中，循环指标变量的增量的值取决数组 b[i]，不是常数。因为循环迭代次数依赖于数组 b[i] 中保存的值，因此上例在运行之前，无法知道有哪些迭代，也就无法进行任务的划分。这样无法采用指令 for 进行并行。但是最关键的是，从语义上来讲，这个循环明显是可以并行执行的。这就是引入指令 task 的原因。

指令 task 与指令 for、指令 sections 的区别在于指令 task 可以"动态"地定义任务，而指令 for 和指令 sections 只能"静态"地定义任务，无法根据运行环境的变化动态地进行任务划分。在运行过程中，一个指令 task 就可以定义一个任务。通常创建任务由一个线程去完成，而其他的线程可以并行地执行所生成的任务。当某一个任务执行了一半或者将要执行完毕的时候，线程可以去创建第二个任务。任务分配给一个线程去执行，是一个动态的过程，而不像 sections 指令和 for 指令那样，在运行之前，就可以判断出如何去分配任务。指令 task 的另一个突出特点是它可以进行嵌套定义的，这样 task 指令可以用于递归的情况。

总体而言，指令 task 主要适用于不规则的循环迭代（如 do while）和递归的函数调用，这些都是无法利用指令 for 完成的情况。

8.2.1　指令 parallel 和子句 single

与并行构造相类似，任务的创建必须位于 parallel 区域中。下例展示了如何利用线程组中每个子线程均执行一次显式任务"hello world from a thread id＝"。

```
/* File:tp.cpp  */
/* program:task_parallel  */
#include<omp.h>
#include<stdio.h>
int main()
{
    omp_set_num_threads(4);
    #pragma omp parallel
{

        #pragma omp task
        printf("hello world from a thread id= %d! \n",omp_get_thread_num());

}
    return 0;

}
```

执行上述代码后，运行结果如下：

```
hello world from a thread id= 3!
hello world from a thread id= 1!
hello world from a thread id= 0!
hello world from a thread id= 2!
```

从程序和输出结果可以看出，上述程序具有如下特点：

（1）函数 omp_set_num_threads(4) 定义并行区内线程组内线程数量为 4。

（2）线程组内的 4 个线程均参与了任务的创建，因此显式任务被生成了 4 次，形成了 4 个任务。

为了避免一个任务被重复地定义，需要 single 子句，如下例所示。

```cpp
/*  File:tps. cpp   */
/*  program:task_parallel_single   */
#include<omp. h>
#include<stdio. h>

int main( )
{
    omp_set_num_threads(4);
    #pragma omp parallel
    {
        #pragma omp single
        {
            #pragma omp task
            printf("Task 1 from a thread id= %d\n",omp_get_thread_num());

            #pragma omp task
            printf("Task 2 from a thread id= %d\n",omp_get_thread_num());
        }
    }
    return 0;
}
```

执行上述代码后，运行结果如下：

```
Task 2 from a thread id= 1
Task 1 from a thread id= 2
```

或

```
Task 1 from a thread id= 2
Task 2 from a thread id= 3
```

从程序和输出结果可以看出，上述程序具有如下特点：

（1）利用 single 子句保证只有一个线程进行创建任务。

（2）线程组的线程数量为 4，任务的数量为两个。这样，两个打印任务（"Task 1"和"Task 2"）只能被执行一次。

（3）这两个打印任务的执行顺序是没有定义，是不确定的。唯一能保证的是这两个打印任务将在 parallel 区域的结尾的隐形栅障处执行完毕。任务执行次序的确定，有两种方法：指令 taskwait 和指令 depend。这些指令将在后面进行讨论。

一般而言，通常使用指令 single 利用一个线程创建任务。这些任务在创建后，将被放入到任务池，供线程组中空闲的线程获取和执行。

8.2.2 指令 for

使用循环是生成任务的一种常用方式。但是，在循环中绑定任务和非绑定任务的生成是不同的。下面是一个创建绑定任务的程序片断。在此程序片断中，显式任务是绑定任务，隐式任务也是绑定任务。

```
#pragma omp parallel num_threads(2)
{
    #pragma omp single private(i) shared(a)
    {
        int i;
        for(i = 0;i < N;i=i+a[i])
        {
            #pragma omp task // i is firstprivate,a is shared
            process(a[i]);
        }
        process(1000);
    }
}
```

其中，由#pragma omp task 定义的 process（a［i］）是显式任务；而 process（1000）就属于一个隐式任务。一个线程执行完 for 循环生成一组显式任务后，接着执行这个隐式任务 process（1000），而上面的显式任务可能也正在被其他线程执行。

在上面的例子中，如果总循环次数 N 很大，那么上例会出现一个线程创建大量的显式任务并用本线程组执行这些任务。在任务的创建过程中，所创建的未分配线程的任务数量会达到临界值。如果达到临界值，则线程在任务调度点处会暂停执行在循环中创建任务，而开始执行未分配的任务。一旦未分配任务的数量足够低，则线程可以恢复创建任务的执行。如果创建任务的线程需要很长时间才能完成任务，那么其他的线程被强制处于空闲状态。在并行区域内，private 变量 i 在任务中自动变为 firstprivate 变量，而 shared 变量数组 a 依然为共享变量。

下面是一个创建非绑定任务的程序。

```
/*  File:untied. cpp  */
/*  program: untied_task  */
#define LARGE_NUM 10000000
double a[LARGE_NUM];
#include <stdio. h>
#include<omp. h>

void process(double x)
{
    printf("x=%d\n",x);
    return;
}
int main()
{
    for(int i=0;i<LARGE_NUM;i++)
        a[i]=i;

    #pragma omp parallel
    {
            #pragma omp single
            {
                int i;
                #pragma omp task untied   // i is firstprivate,a is shared
                {
                    for(i=0;i<LARGE_NUM;i++)
                            #pragma omp task
                            process(a[i]);
                }
            }
    }
    return 0;
}
```

由于运行结果过长，这里就不给出相应的运行结果。从程序和输出结果可以看出，上述程序具有如下特点：

（1）程序采用一个线程生成大量非绑定任务，并利用线程组中子线程同时执行这些非绑定任务。在非绑定任务的创建过程中，如果所创建的未分配线程的任务总量达到系统所允许的未分配任务的极限数量，则执行循环创建任务的线程在任务调度点处暂停执行在循环中产生任务，而开始执行已经创建的未分配任务。如果此线程需要花费较长的时间才能完成一个任务，而其他线程可以执行其他的任务而不必处于空闲状态。一旦未分配任务的数量充分少时，此线程将继续执行创建任务。需要注意的是，由于生成任务的循环处于非绑定任务区域，所以任何线程都可以恢复执行生成任务的循环。

（2）因为数组 a 是全局变量，在并行区域是 shared 变量，在任务区域并未显式定义其属性，因此在任务结构中是 shared 变量。因为变量 i 在并行区域默认为 private 变量，因此在任务结构中默认为 firstprivate 变量。

（3）子句 untied 表明执行循环创建任务是一个非绑定任务，线程组内任何子线程均能继续执行循环创建任务。如果执行循环创建任务是一个绑定任务，那么线程组中的其他子线程被强制处于空闲状态，直到执行循环创建任务的子线程完成它的任务为止。如果没有子句 untied，那么任务是绑定任务。这样，任务的生成和执行均由一个子线程完成。

从任务执行的角度来看，指令 for 可以看作调度某一个线程执行某一次迭代。如果将每一次迭代看成一个任务（task），那么指令 for 也就是任务 task 的工作方式。

8.2.3　指令 sections

在指令 for 只能用于循环迭代的基础上，OpenMP 还提供了指令 sections 来构造一个分段并行执行结构（sections 结构），然后在 sections 结构中定义了一系列的 section，每一个 section 由一个线程执行。这样，每一个 section 就相当于指令 for 的每一次迭代，只是使用 sections 指令会更灵活，更简单。实际上，指令 sections 可以理解为指令 for 的展开形式。指令 sections 适合于执行少量的任务，且这些任务之间没有迭代关系。当然，这些工作也可用指令 task 来完成。

在结构 sections 中生成任务的方法与在循环中生成任务的方法相类似，只是每个 section 中仅由一个线程执行，因此不会出现指令 single。

下面给出一个采用分段并行 sections 与指令 task 相结合来创建任务的例子。

```
/*  File:ts. c   */
/*  program:task_sections   */
#include<omp. h>
#include<stdio. h>
int main( )
{
    omp_set_num_threads(3);
    #pragma omp parallel sections
    {
        #pragma omp section
        {
            #pragma omp task
            printf("Task 1 from a thread id= %d\n",omp_get_thread_num());
        }
        #pragma omp section
        {
            #pragma omp task
            printf("Task 2 from a thread id= %d\n",omp_get_thread_num());
        }
```

```
        #pragma omp section
        {
            #pragma omp task
            printf( " Task 3 from a thread id= %d\n" , omp_get_thread_num( ) ) ;
        }
    }
    return 0;
}
```

执行上述代码后，运行结果如下：

```
Task 2 from a thread id= 0
Task 1 from a thread id= 1
Task 3 from a thread id= 2
```

从程序和输出结果可以看出，上述程序具有如下特点：

（1）每个 section 均仅由一个线程执行。

（2）语句 section 仅保证在退出 sections 时任务已经生成。事实上，在退出 sections 时，任务可能仅是放在任务池中。任务可能还没有开始执行。

（3）这三个任务是同级任务（属于同一任务区域的子任务），因此它们的执行顺序是随机的。

8.2.4　包含任务

一个任务结构可以包含在另一个 task 结构中，但是内部的 task 结构并不属于外部的 task 区域的一部分。下面给出一个创建不同级别任务和包含任务的例子。

```
/*  File: tn. cpp   */
/*  program: task_nested   */
#include<omp. h>
#include<stdio. h>
#include<math. h>


void pause_seconds( int i)
{
    double start_time, end_time, used_time, pause_time;
    pause_time = fabs( i) ;
    start_time = omp_get_wtime( ) ;
    used_time = -1. 0;
    do
    {
        end_time = omp_get_wtime( ) ;
        used_time = end_time - start_time;
```

```
        } while( used_time < pause_time) ;
        return ;
}
int main( )
{
        omp_set_num_threads( 4) ;
        #pragma omp parallel
        {
                #pragma omp single
                {
                        #pragma omp task   //task[ 1]
                        {
                                pause_seconds( 5) ;
                                printf( " Task 1 thread id= %d\n" , omp_get_thread_num( ) ) ;

                                #pragma omp task   //task[ 2]
                                {
                                        pause_seconds( 2) ;
                                        printf( " Task 2 thread id= %d\n" , omp_get_thread_num( ) ) ;
                                }

                                #pragma omp task   //task[ 3]
                                {
                                        printf( " Task 3 thread id= %d\n" , omp_get_thread_num( ) ) ;

                                        #pragma omp task    //task[ 4]
                                        printf( " Task 4 thread id= %d\n" , omp_get_thread_num( ) ) ;
                                }

                                #pragma omp task   //task[ 5]
                                {
                                        pause_seconds( 1) ;
                                        printf( " Task 5 thread id= %d\n" , omp_get_thread_num( ) ) ;
                                }
                        }
                        #pragma omp taskwait

                        #pragma omp task   //task[ 6]
                        printf( " Task 6 thread id= %d\n" , omp_get_thread_num( ) ) ;
                }
        }
        return 0;
}
```

执行上述代码后，一个可能运行结果如下：

```
Task 1 thread id= 0
Task 3 thread id= 1
Task 6 thread id= 2
Task 4 thread id= 1
Task 5 thread id= 3
Task 2 thread id= 0
```

从程序和输出结果可以看出，上述程序具有如下特点：

（1）程序一共建立了 5 个任务，其中，任务 1 和任务 6 是同级任务；任务 2、任务 3 和任务 5 是同级任务，也是上级任务 1 的包含任务（included task）；任务 4 是上级任务 3 的包含任务。这些任务之间的关系如图 8-4 所示。

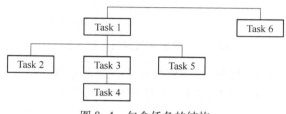

图 8-4　包含任务的结构

（2）包含任务不是上级任务的子任务，也不是上级任务的一部分；包含任务不影响上级任务的执行。换言之，包含任务与上级任务之间没有任何关系。在本例中，任务 2、任务 3 和任务 5 不是任务 1 的子任务，任务 4 不是任务 3 的子任务。因此，应用#pragma omp taskwait 指令后，任务 2、任务 3 和任务 5 可能在任务 1 完成之后才开始执行。

（3）删除#pragma omp taskwait 指令后，程序的一个可能运行结果如下：

```
Task 6 thread id= 2
Task 1 thread id= 3
Task 3 thread id= 0
Task 4 thread id= 2
Task 5 thread id= 1
Task 2 thread id= 3
```

这说明任务的执行顺序与任务的生成顺序无关。这是因为 OpenMP 遇到指令 task 立即定义一个显式的任务，然后会由当前的线程运行或者延迟等待其他线程去执行。

8.2.5　递归

斐波那契数列（Fibonacci Sequence）是数论中重要的一个数列，可以采用如下的递归方法来定义：

$$F_0 = 0 \; ; \; F_1 = 1 \; ; \; F_n = F_{n-1} + F_{n-2}$$

如果采用文字来描述，斐波那契数列从 0 和 1 开始，之后的斐波那契系数就由之前的

两数相加获得。斐波那契数列是 0，1，1，2，3，5，8，13，21，34，55，89，144，233，
377，610，987，1597，2584，4181，6765，10946，…特别指出：0 不是第一项，而是第
零项。

图 8-5 给出了计算斐波那契数列的递归算法。虽然递归算法不是计算斐波那契数列最
好方法，但它却是指令 task 应用的一个很好的实例。

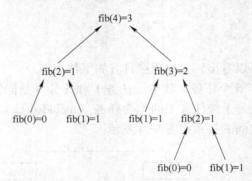

图 8-5　斐波那契数列递归算法

OpenMP3.0 中指令 task 可以很好地解决计算斐波那契数列中递归调用的并行难题。下
面的程序给出了如何后序遍历采用隐式任务生成的树状任务。

```cpp
/*  File:ft.cpp   */
/*  program:fibonacci_task   */
#include <stdio.h>
#include <omp.h>

int fib(int n)
{
    int fib_result;
    int i,j;
    if(n<2)
        fib_result=n;
    else
    {
        #pragma omp task shared(i) firstprivate(n)
        i=fib(n-1);
        #pragma omp task shared(j) firstprivate(n)
        j=fib(n-2);
        #pragma omp taskwait

        fib_result=i+j;
    }
    return(fib_result);
}
```

```
int main( )
{
        int n = 16,result;
        omp_set_dynamic(0);
        omp_set_num_threads(4);
        #pragma omp parallel shared(n)
        {
        result = fib(n);
        #pragma omp single
        printf( "fib(%d) = %d\n",n,result);
        }
    return 0;
}
```

执行上述代码后，运行结果如下：

```
fib(16) = 987
```

从程序和输出结果可以看出，上述程序具有如下特点：

（1）函数 omp_set_dynamic(0) 禁止动态调整线程数量，函数 omp_set_num_threads(4) 确定线程组中最大线程数量为 8。

（2）因为只有一个子线程执行 single 指令，因此只有一个线程调用递归函数 fib(n) 生成任务。但这些任务将由线程组内的 4 个子线程完成。

（3）对函数 fib(n) 的每次调用都会生成两个 task 指令定义的任务：一个任务用来计算 i = fib(n-1)，另一个任务用来计算 j = fib(n-2)。只有当这两个任务完成以后，它们的返回值进行求和才能产生函数 fib(n) 的返回值。这样，在第一次调用时，存在两个任务 i = fib(n-1) 和 j = fib(n-1)。在调用执行函数 fib(n-1) 和函数 fib(n-2) 任务的过程中又反过来各生成两个子任务。这样子任务不断产生下一级子任务，直到传递到函数 fib(n) 的参数值小于 2 为止。

（4）因为不同的特定任务需要并行执行，因此遍历函数 fib 需要在 #pragma omp parallel 定义的并行区域中调用。

（5）在函数 fib 中，采用 firstprivate 子句定义 n 是为了区分子任务和孙任务。这是一个默认设置，可以不在函数 fib 中显式指出。但是建议任务的所有变量均显式地指出其共享或私有属性。

（6）在串行程序执行过程中，程序以逆序（递归）的顺序执行；而在并行执行过程中，如果程序没有同步机制（#pragma omp taskwait），那么任务的执行顺序是随机的。这样，并行执行顺序和串行执行顺序不一致，这会造成并行计算结果与串行程序不一致。为了保证并行程序的执行过程也以逆序的顺序执行，必须引入 taskwait 指令。这样，在函数 fib(n) 的调用返回以前，其所生成的子任务 fib(n-1) 和子任务 fib(n-2) 已经执行完毕。

8.3 任务调度原则

当线程到达任务调度点时，可以进行一次任务切换，即开始或恢复一个和当前线程组绑定的不同任务，也可以不做。OpenMP 规范为绑定任务定义了以下任务调度点：

（1）在显式任务（#pragma omp task）生成后。

（2）在任务区域完成点。

（3）在 taskyield 处。

（4）在 taskwait 处。

（5）在 taskgroup 区域的结尾。

（6）遇到隐式或显式栅障 barrier 处。

（7）在 target 区域产生后。

（8）在 target data 区域的开始和结尾处。

（9）在 target update 处。

（10）在 target enter data 处。

（11）在 target exit data 处。

（12）在 omp_target_memcpy 函数内。

（13）在 omp_target_memcpy_rect 函数内。

当线程遇到任务调度点时，在遵循任务调度原则的前提下，可以执行以下操作：

（1）开始执行一个与当前线程组绑定的绑定任务。

（2）恢复一个与当前线程组绑定的处于暂停执行状态的绑定任务。

（3）开始执行一个与当前线程组绑定的非绑定任务。

（4）恢复一个与当前线程组绑定的处于暂停执行状态的非绑定任务。

当线程遇到任务调度点时，如果存在多种可选择的操作，那么线程将按照如下任务调度原则进行执行：

（1）在任务产生后，其所包含的任务将被立即执行。

（2）新的绑定任务（即没有开始执行的绑定任务）受到绑定到当前线程并且未在 barrier 区域中暂停执行的任务集合限制。如果新的绑定任务是任务集合中某个任务的子孙任务，才能调度此新绑定任务；如果绑定到线程的任务集合是空集，则可以调度任意新的绑定任务。

（3）在完成任务依赖之前，不能调度从属任务。

（4）如果显式任务存在子句 if，其表达式的值是 false，且满足上述任务调度原则时，则该任务在生成后立即被执行。子句 if 可用来避免生成许多细粒度任务以及将这些任务放在任务池中所造成的开销。

（5）任务调度点将任务区域动态地划分为几个部分。每一个部分均需从头到尾地不中断地执行。同一个任务区域的不同部分按照它们被遇到的顺序执行。在没有任务同步的情况下，OpenMP 没有指定线程执行不同可调度任务的部分的顺序。

（6）在一个存在 if 子句的显式任务中使用 threadprivate 变量和 critical（或锁）时，如果 if 子句表达式为 false，则任务立即执行，不受任务调度（2）的约束。

此外，对于非绑定任务，任务切换则可以发生在该任务区域的任何位置。

一个正确的程序只有在所有可能的任务调度点处满足以上调度原则，才能被正确地执行。在实际的应用过程中，特别要注意如下问题：

（1）如果在任务区域的一个部分（在源代码中显式地或调用库函数隐式地）访问线程的 threadprivate 变量，然后线程切换到其他任务区域，并修改了线程的该私有变量，那么当线程再次切换到原来任务时，就不能假定线程还保留它原来的私有变量值。换言之，在同一个任务区域的不同部分，尽管没有修改线程的 threadprivate 变量，但是该私有变量值不能保证保留进入同一任务区域的下一部分。

（2）如果锁的获取和释放分别发生在同一任务区域 A 的不同部分中，则在另外一个任务 B 中的任何部分里都不应该尝试获取该锁，因为线程在运行任务区域 A 可能会进行任务调度。否则，可能发生死锁。另一种类似的情况是，一个 critical 区域跨越了一个任务的多个部分，并且另一个可调度任务包含具有同名称 critical 区域。

下面采用一个程序片断来说明任务调度原则。

```
#pragma omp task // Task A
{
    #pragma omp critical
    {
        #pragma omp task // Task C
        {
            first_work();
        }
        #pragma omp taskyield
    }
}
#pragma omp task // Task B
{
    #pragma omp critical
    {
        second_work();
    }
}
```

在上例中，任务 A、B 和 C 均是绑定（tied）任务。执行任务 A 的线程将进入临界 taskyield 区域且该线程拥有与该临界区域关联的锁。由于 taskyield 是任务调度点，因此执行任务 A 的线程可以选择暂停任务 A，改为执行其他任务。假设任务 B 和 C 在任务池中。根据第 2 条原则，执行任务 A 的线程不能执行任务 B，这是因为任务 B 不是任务 A 的子孙。此时只能调度任务 C，因为任务 C 是任务 A 的子孙。

如果在暂停任务 A 的同时调度任务 B，则任务 A 所绑定到的线程无法进入任务 B 的临界区域，因为该线程已拥有与该临界区域关联的锁，因此此时将出现死锁现象。调度原则 2 的目的是避免在代码符合规范时出现此类死锁现象。

请注意，如果编程人员在任务 C 中嵌套了临界段，也会发生死锁现象，但这属于编程错误。

任务的同步方式有两种：隐式或显式栅障指令 barrier、指令 taskwait 和指令 taskgroup。栅障保证在栅障之前生成的所有的任务都必须完成。而指令 taskwait 则保证在任务的直接子任务（而不是所有子孙任务）完成前，此任务一直处于暂停执行状态[23]。

8.3.1 栅障 barrier

如果到达栅障的子线程是线程组中最后到达的子线程且总任务不等于零，则设立标志表示所有线程已经到达栅障。如果此时共享池中还存在任务，则线程组中的子线程按照先来先服务的顺序依次从任务池中提取任务执行，直到所有任务已经完成且最后一个子线程到达。

8.3.2 指令 taskwait

当线程遇到指令 taskwait 时，它将开始执行 taskwait 区域。在 taskwait 区域末尾，暂停当前任务，直到当前任务在 taskwait 区域前生成的所有子任务均已完成执行为止。需要强调的是，指令 taskwait 要求完成的任务是当前任务所产生的直接子任务，而不是子孙任务。在一个并行区域内由一个线程执行的代码被认为是一个任务。

指令 taskwait 的语法格式如下：

```
#pragma omp taskwait
```

在实际应用过程中，指令 taskwait 不能与 if、while do、case 一起使用。当线程遇到 taskwait 指令时，就会检查当前任务是否存在子任务。当存在子任务且处于等待执行状态，则线程调度其子任务运行，同时将当前任务保存在线程的任务池中；如果未完成的子任务都在运行，则线程挂起，等待所有的子任务完成。当最后一个子任务完成后，发送信号通知当前任务，然后线程继续执行当前任务。

需要注意的是，指令 taskwait 是指在完成直接子任务（而不是所有后代任务）时进行等待。因此，在递归算法中，指令 taskwait 一般与指令 task 成对出现。

下面举一个例子来说明指令 taskwait 的用法。

```
/*  File:taskwait. cpp   */
/*  program:taskwait   */
#include <stdio. h>
#include<omp. h>
int main( )
{
    #pragma omp parallel
    {
        #pragma omp single
        {
            printf( " Northeastern University" );
```

```
            #pragma omp task
            {
                printf(" is");

                #pragma omp task
                printf(" a beautiful university");
            }
        #pragma omp taskwait

            printf(" in China!");
        }
    }
    printf("\n");
    return 0;
}
```

执行上述代码后，运行结果如下：

Northeastern University is a beautiful university in China!

如果在程序中去除"#pragma omp taskwait"，则程序运行结果为：

Northeastern University is in China! a beautiful university

从程序和输出结果可以看出，上述程序具有如下特点：

（1）在指令 taskwait 所在 task 结构内，共有 4 个任务：两个隐式任务是"printf（"Northeastern University"）"和"printf（"in China!"）"，两个显式任务是"printf（"is"）"和"printf（"a beautiful university"）"，如图 8-6 所示。

（2）指令 taskwait 的执行区域包括当前任务"printf（"Northeastern University"）"和子任务"printf（"is"）"。

（3）指令 taskwait 执行完当前任务和子任务后，线程以任意顺序执行当前任务的同级任务"printf（"in China!"）"和当前任务的孙任务"printf（"a beautiful university"）"。

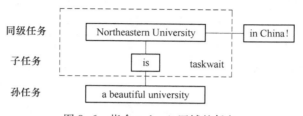

图 8-6　指令 taskwait 区域的任务

8.3.3　指令 taskgroup

一个 taskgroup 区域与目前的 task 区域相绑定，并且一直绑定到封闭的并行区域的最里面。即与 taskgroup 区域处于同一个 parallel 区域的子孙任务都是 taskgroup 集的一部分。当一个线程遇到 taskgroup 结构时，它开始执行 taskgroup 区域。在 taskgroup 区域结束处，在 taskgroup 区域中生成的所有子任务和所有子孙任务完成之前，当前任务将处于暂停执行状态。

指令 taskgroup 的语法格式如下：

```
#pragma omp taskgroup
```

在使用目的上，指令 taskgroup 类似于 taskwait，但除了等待子任务（当前任务直接产生的任务）的完成外，它还要等待它后面的代码块中创建的所有子孙任务的完成。

下面举一个例子来说明 taskgroup 的用法。

```cpp
/*  File:taskgroup. cpp   */
/*  program:taskgroup   */
#include <stdio. h>
#include<omp. h>
int main( )
{
    #pragma omp parallel
    {
        #pragma omp single
        {
            #pragma omp taskgroup
            {
                printf("Northeastern University");

                #pragma omp task
                {
                    printf(" is");

                    #pragma omp task
                    printf(" a beautiful university");
                }
            }

            printf(" in China!");
        }
    }
    printf("\n");
    return 0;
}
```

执行上述代码后，运行结果如下：

Northeastern University is a beautiful university in China!

从程序和输出结果可以看出，上述程序具有如下特点：

（1）在指令 taskwait 所在 task 结构内，共有 4 个任务，它们之间的同级关系、子孙关系与前面的程序 taskwait. cpp 中任务结构相同，如图 8-6 所示。

（2）区域 taskgroup 包括任务"printf（"Northeastern University"）"、任务"printf（"is"）"和任务"printf（"a beautiful university"）"。而任务"printf（"in China!"）"和任务"printf（"Northeastern University"）"是同级任务，如图 8-7 所示。

（3）指令 taskgoup 的执行区域包括当前任务是"printf（"Northeastern University"）"，子任务"printf（"Northeastern University"）"，和孙任务"printf（"a beautiful university"）"。

（4）指令 taskwait 执行完当前任务、子任务和孙任务后，线程才能执行同级任务"printf（"in China!"）"。

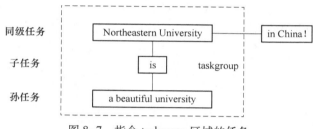

图 8-7　指令 taskgroup 区域的任务

8.3.4　指令 taskyield

指令 taskyield 的作用是暂停执行当前任务，转而执行另一个任务。指令 taskyield 的语法格式如下：

```
#pragma omp taskyield
```

此指令 taskyield 区域包括了一个显式的任务调度点。

下面的程序给出了在实际任务调度过程中需要注意的限制条件。

```
/ *  File：taskyield. cpp   * /
/ *  program：taskyield   * /
#include <stdio. h>
#include<omp. h>
int main( )
{
    #pragma omp task // Task 1
    {
        printf( "task 1a\n" ) ;

        #pragma omp critical
```

```
                {
                    printf("task 1b\n");
                    #pragma omp task // Task 3
                    {
                        printf("task 3\n");
                    }

                    #pragma omp taskyield
                }
            }

    #pragma omp task // Task 2
    {
        #pragma omp critical
        {
            printf("task 2\n");
        }
    }

    return 0;
}
```

执行上述代码后，运行结果如下：

```
task 1a
task 1b
task 3
task 2
```

从程序和输出结果可以看出，上述程序具有如下特点：

（1）任务 1、任务 2 和任务 3 都是绑定任务。

（2）执行任务 1 的线程将进入 critical 区域内的 taskyield 区域，并拥有与 critical 区域相关的锁。因为 taskyield 位置是一个任务调度点，所以执行任务 1 的线程会暂停执行任务 1，转而执行另一个任务。如果任务 2 和任务 3 都置于任务池中，那么任务的选择应遵循任务调度原则（2）。由于任务 2 不是任务 1 的子孙任务，所以执行任务 1 的线程不能执行任务 2；而任务 3 是任务 1 的子孙任务，所以仅有任务 3 处于任务调度点处。

（3）当任务 1 暂停执行时，如果任务 2 处于调度点，因为绑定到任务 1 的线程已经拥有了与任务 1 的 critical 区域相关的锁，因此不能进入到任务 2 的 critical 区域。否则会发生死锁。设置规则（2）的目的就是为了避免这类死锁。需要注意的是，如果在任务 3 内部嵌套一个 critical 区域，就会发生死锁。

8.3.5 子句 if

当结构 task 有 if 子句时，如果标量表达式的值是 false，那么创建该任务的线程暂停正在执行的任务，立即执行新任务；当新任务完成后，恢复执行刚刚被该线程暂停执行的任务。子句 if 可用来避免生成许多细粒度任务以及将这些任务放在任务池中所造成的开销。

例如，在 8.2.5 节递归程序 ft.cpp 中，如果将：

```
#pragma omp task shared(i)firstprivate(n)
i=fib(n−1);
#pragma omp task shared(j)firstprivate(n)
j=fib(n−2);
```

替换为：

```
#pragma omp task shared(i)firstprivate(n)if(n>10)
i=fib(n−1);
#pragma omp task shared(j)firstprivate(n)if(n>10)
j=fib(n−2);
```

那么，当 n>10 时，才会启动并行的 task 机制，否则当 n≤10 时，采用串行方式执行。这样可以避免所产生的任务过小。

8.4　任务的执行和完成

为了有效地执行不同的任务，允许线程在任务调度点暂停执行任务区域，以便执行另一任务。如果暂停的任务为绑定任务，则同一线程稍后会恢复执行暂停的任务。如果暂停的任务为非绑定任务，则当前线程组中任何线程都可能恢复执行该任务。

对于在并行区域中生成的所有显式任务，必须保证它们在并行区域中遇到下一个显式或隐式栅障前完成。对于在并行区域中生成的所有隐式任务，则必须保证在退出该并行区域前完成。对于遇到通过 taskwait 指令绑定到特定并行区域的显式任务，如果它的直接子任务均执行完毕，则继续执行；否则暂停执行处于等待状态，直到其直接子任务全部执行完毕，但并不要求该任务的所有后代任务也完成。

任务的完成点是指在此点以前所有的任务都需要在此点执行完毕。这样的完成点有三种：

（1）如果此点前的任务均是同级任务或者是同级任务的子任务，可采用指令 taskwait。

（2）如果此点前的任务存在同级任务、同级任务的子任务和子孙任务，可采用显式栅障指令 barrier。

（3）在一些指令和结构的结束处存在隐式栅障也可作为任务的完成点。

需要注意的是，为了避免死锁的发生，在非绑定任务中不建议使用指令 critical 和锁。这是因为指令 critical 是基于（或绑定到）特定线程，而锁是基于（或绑定到）特定任务的，因此获得 critical 的线程和获得锁的任务有义务释放资源。

8.5　任务的数据环境

指令 task 采用以下数据共享属性子句，这些子句可定义任务的数据环境：

```
default( private | firstprivate | shared | none)
private( list)
firstprivate( list)
shared( list)
```

在此数据环境中，没有出现子句 lastprivate。这是因为任务的调度是十分复杂，难以找到程序语法的最后一个任务。

如果在 task 结构中没有显式指明变量的数据共享属性，且没有出现 default 子句，那么变量的隐式确定规则如下：

（1）静态变量和全局变量默认为 shared 变量，自动变量是 private 变量。

（2）在孤立任务中，变量默认为 firstprivate 变量。

（3）对于非孤立任务，如果变量在并行区域中是 shared 变量，那么在 task 结构内部的同名变量会继承 shared 变量属性。如果变量在并行区域中不是 shared 变量，那么在 task 结构内部的同名变量默认为 firstprivate 变量。

需要注意的是，有关如何隐式确定变量的共享属性的规则可能并不总是很直观。为避免意外，建议采用显式方式确定任务结构中所有变量的共享属性，而不要依赖 OpenMP 隐式确定规则。在实际过程中，可采用如下原则判断变量的共享属性。

（1）如果变量在任务结构和包含任务结构中均是只读类型，那么该变量为 firstprivate 变量。

（2）如果变量不会引起数据竞争，并且该变量在任务执行期间可以被其他线程访问，则该变量为 shared 变量。

（3）如果变量不会引起数据竞争，在任务结构中是只读类型，并且变量在任务执行期间不允许被其他线程访问，则该变量为 firstprivate 类型。

（4）如果变量不会引起数据竞争，并且对于执行任务区域的每个线程，变量总是被同一个线程先执行写给操作后执行读操作，而且在任务结构中分配给该变量的值不能在任务区域外部使用，那么该变量为 private 变量。

（5）如果变量不会引起数据竞争，且该变量在任务区域中不是只读类型，并且在任务区域中的某些读取操作可能涉及在任务外部该变量的值，而且在任务内分配给该变量的值不能在任务区域外部使用，则该变量为 firstprivate 变量。

8.5.1　共享变量和私有变量

与其他 OpenMP 结构类似，在 tasks 结构内使用的变量应通过显式（利用子句 shared、firstprivate、private 等）地或隐式地确定其变量类型。

下面以如下程序片断说明任务中变量的属性。

```
int a = 1;
void variable( )
{
    int b = 2,c = 3;
    #pragma omp parallel private( b)
```

```
    {
        int d = 4;
#pragma omp task
        {
            int e = 5;
        }
    }
}
```

本程序中，#pragma omp task 处于并行区域#pragma omp parallel 中，因此此任务不是孤立任务，变量 a、b、c、d 和 e 的属性分别为：

（1）变量 a 是全局变量，在并行区域中默认为 shared 变量；在任务结构中，变量 a 继承了 shared 变量属性，其值为 1。

（2）变量 b 在并行区域中被显式地定义为 private 变量，其初值是不确定的；在任务结构中，变量 b 是 firstprivate 变量，其初值取决于并行区域中的取值，因此其在任务中的初值也是不确定的。

（3）变量 c 在并行区域中默认为 shared 变量，在任务结构中，变量 c 继承了 shared 变量属性，其值为 3。

（4）局部变量 d 在并行区域中默认为 private 变量，在任务结构中，变量 d 是 firstprivate 变量，初值为 4。

（5）局部变量 e 仅在任务结构中出现，是 private 变量，其值为 5。

下例存在两个同级 task 结构，每个 task 结构均有变量 x。为了保证两个 task 结构的运行互不影响，可将变量 x 显式地定义为 firstprivate 变量。

```cpp
/*  File:stfv. cpp   */
/*  program:sibling_task _firstprivate_variable   */
#include <stdio. h>
#include <unistd. h>
#include <omp. h>
int main( )
{
#pragma omp parallel
    {
        int x = 10;
#pragma omp single
        {
#pragma omp task firstprivate(x)//task 1
            {
                x++;
                sleep(3);
                printf( "from task 1:x = %d\n",x);
```

```
        }

        #pragma omp taskwait

        #pragma omp task firstprivate(x)//task 2
        {
            x++;
            printf("from task 2:x = %d\n",x);
        }
    }
}
    return 0;
}
```

执行上述代码后，运行结果如下：

```
from task 1:x = 11
from task 2:x = 11
```

从程序和输出结果可以看出，上述程序具有如下特点：

（1）局部变量 x 在并行区域的变量属性是私有变量。

（2）指令#pragma omp taskwait 要求完成 task1 后再执行 task2。由于在两个任务中均将 x 定义为 firstprivate 变量，因此两个任务均有各自的 x 变量副本，且它们的初始值均为 10。

（3）两个任务的 x++ 均是对各自的 x 变量副本进行操作，因此互不影响。这样它们的输出结果均为 x=11。

（4）如果将两个任务中变量 x 由 firstprivate 变量改为 shared 变量，则这两个 task 结构均对共享变量 x 进行加 1 操作，先执行完 x++ 的任务将输出 x=11，后执行完 x++ 的任务将输出 x=12。

（5）如果将两个任务中变量 x 由 firstprivate 变量改为 private 变量，则由于两个任务各自的 x 变量副本没有赋初值（是否赋初值取决于编译器），因此这两个任务的输出结果是不确定的。

8.5.2 任务与对栈数据的引用

任务在执行过程中可能会访问主程序的栈数据。在某些情况下，任务的实际执行会发生延迟，直到下一个隐式或显式栅障时才开始执行此任务。在这种情况下，主程序在任务开始执行之前就已经完成，这将导致任务需要读取的变量在主程序的栈中已经弹出且栈中数据也被覆盖重写（任务访问的栈数据已被销毁）。这时执行的任务访问同一个栈地址时只能得到栈中某个不确定的值。因此，为了保证当任务访问这些变量时这些变量仍然在栈中，编程人员必须插入所需的同步。这就是引入 taskwait 指令的原因。

下面例子给出了任务访问在函数栈中数据的情况。

```
/ *  File:tst. cpp   * /
/ *  program:task_stack_taskwait   * /
#include <stdio. h>
#include <omp. h>
void work()
{
    int i=100;
    #pragma omp task shared(i)
    {
        #pragma omp critical
        printf("in task:i= %d \n",i);
    }
    #pragma omp taskwait
    return;
}


int main()
{
    omp_set_num_threads(4);
    omp_set_dynamic(0);

    #pragma omp parallel
    {
        work();
    }
    return 0;
}
```

执行上述代码后，运行结果如下：

```
in task:i= 100
in task:i= 100
in task:i= 100
in task:i= 100
```

从程序和输出结果可以看出，上述程序具有如下特点：

（1）在函数 work 中，变是 i 在任务中为共享变量。任务会访问在函数 work（）的栈中变量 i 的值。

（2）在某些原因的影响下，任务可能会延迟执行。这样，程序将在函数 work（）返回后，在 main（）中并行区域末尾的隐式栅障处才开始执行任务。这时，当任务访问共享变量 i 时，会访问当时在栈中的某个不确定的值。因此，当仅去掉#pragma omp taskwait，其他保持不变时，程序会给出如下奇怪结果。

```
in task:i= 1680025361
in task:i= 32750
in task:i= 32750
in task:i= 32750
```

（3）为了得到正确的结果，编程人员需要保证函数 work（）不能在任务完成前退出。这需要在 task 结构后面插入指令 taskwait 来实现。或者在 task 结构中将变量 i 由 shared 变量改为 firstprivate 变量。即在程序中去掉#pragma omp taskwait，并将#pragma omp task shared（i）改为#pragma omp task firstprivate（i），程序的运行结果不变。

在下面的例子中，在 task 结构中的变量 k 将访问 sections 结构中的变量 k。因此，任务会访问 sections 结构中变量 k 的 firstprivate 副本，此副本在部分编译器中是 sections 结构栈中的变量。

```cpp
/* File:tsst.cpp */
/* program:task_stack_sections_taskwait */
#include <stdio.h>
#include <omp.h>
int main()
{
    int k=9;

    omp_set_num_threads(2);
    omp_set_dynamic(0);

    #pragma omp parallel shared(k)
    {
        #pragma omp sections firstprivate(k)
        {
            #pragma omp section
            {
                #pragma omp task shared(k)
                {
                    #pragma omp critical
                    printf("in task:k= %d \n",k);
                }
                #pragma omp taskwait
            }
        }
    }

    printf("after parallel region,k= %d\n",k);
    return 0;
}
```

执行上述代码后，运行结果如下：

```
in task:k = 9
after parallel region,k = 9
```

从程序和输出结果可以看出，上述程序具有如下特点：

（1）在 section 中，任务结构中将 k 定义为共享变量，任务会访问在 section 栈中变量 k 的值。

（2）在某些情况下，任务可能会延迟执行。本程序将在 sections 结构退出后，在 sections 区域末尾的隐式栅障处执行任务。但是当任务访问变量 k 时，会访问当时在栈中的某个不确定的值。因此，当仅去掉#pragma omp taskwait，其他保持不变时，程序会给出如下奇怪结果。

```
in task:k = 0
after parallel region,k = 9
```

（3）为了得到正确的结果，编程人员需要保证在 sections 区域到达其隐式屏障前执行任务。这可以通过在 task 结构后面插入 taskwait 指令来实现。或者，在 task 结构中将变量 k 由 shared 变量改为 firstprivate 变量。即去掉#pragma omp taskwait，并将#pragma omp task shared(i) 改为#pragma omp task firstprivate(i)，则程序运行结果不变。

8.5.3 全局变量

当线程遇到任务调度点时，程序可能会暂停执行当前任务并安排线程去处理另一个任务。这意味着，这个 threadprivate 变量的值或者线程的特定信息（如线程号）可能会在任务调度点处发生变化。

如果暂停的任务是绑定任务，那么恢复执行该任务的线程与暂停该任务的线程是同一个线程。因此，恢复该任务后，线程号将保持不变。但是，这个 threadprivate 变量的值可能会发生变化。这是因为安排处理另一个任务的线程在恢复暂停的任务之前可能修改 threadprivate 变量的值。

如果暂停的任务为非绑定任务，那么恢复执行该任务的线程可能与暂停该任务的线程是不同的线程。因此，线程号和该 threadprivate 变量的值在任务调度点的前后都可能是不相同的。

下面的程序片断显示了任务调度原则对 task 结构中 threadprivate 变量的影响。

```
int itmp;
#pragma omp threadprivate(itmp)
int var;

void work()
{
    #pragma omp task
    {
        #pragma omp task
```

```
        {
            itmp = 1;

        #pragma omp task
            {
            }
            var = itmp;//value of itmp can be 1 or 2
        }
    itmp = 2;
    }
}
```

上述程序片断具有如下特点：

（1）变量 itmp 和 var 均为全局变量，但是仅将变量 itmp 定义为 threadprivate 变量。

（2）同一个线程可以执行两个修改 threadprivate 变量 itmp 的任务区域。在本例中，修改变量 itmp 的任务区域的两个组成部分可以以任何顺序执行。换言之，同一个线程执行另一个任务过程中可能会修改 threadprivate 变量 itmp。这导致 threadprivate 变量 itmp 的值在经过任务调度点（任务切换）时可能发生变化。因此，变量 var 的结果值可以是 1 或 2。

8.6　任务依赖子句 depend

OpenMP 4.0 规范在 task 结构中引入 depend 子句从而加强对任务调度的限制。这些限制仅限于在同级任务之间建立依赖关系，从而确定多项同级任务的执行顺序。从句 depend 的语法如下：

```
depend( 依赖关系:变量列表 )
```

任务的依赖性是由 dpend 子句中的依赖关系和相应的变量列表派生出来。其中变量的依赖关系如下：

（1）in 型依赖关系：所产生的任务是前面已经产生的同级任务的从属任务。它将引用至少一个出现前面的 out 型或者 inout 型同级任务变量列表中的变量。

（2）out 或 inout 型依赖关系：所产生的任务是前面已经产生的同级任务的从属任务。它将引用至少一个出现在前面 in 型、out 型或者 inout 型同级任务的变量列表中的变量。

对于前面已经产生的任务对内存的访问，任务的依赖性会强制建立一个依赖任务对内存访问的同步。在使用 depend 子句时，应遵循如下原则：

（1）子句 depend 中依赖类型 in、out 和 inout 类似于读和写操作，但是依赖类型 in、out 和 inout 只用于建立同级任务依赖性。它们并不指定任务区域内任何内存访问模式（不需要刷新）。包含 depend(in：a)、depend(out：a) 或 depend(inout：a) 子句的任务可能在其区域内读取或写入变量 a，也可能只是引用变量 a 的形式（变量 a 并不是程序中真实存在的变量）。换言之，相对于数据的外部访问，子句 depend 没有数据移动或同步，只建立依赖任务之间的存储器访问的同步。

（2）依赖关系 in 使任务依赖于使用相同变量作为 out（或 inout）依赖关系的最后一个任务。

（3）依赖关系 out 将使任务依赖于使用与 in、out（或 inout）依赖关系相同的变量的最后一个任务。

（4）依赖关系 inout 与 out 依赖相同，它们仅用于可读性。

（5）同级任务的子句 depend 中列表项目必须指明相同存储或不相交存储。如果在子句 depend 中出现数组段，应保证数组段指明了相同存储或不相交存储。这是因为 OpenMP 不允许将内存的重叠区域用作依赖关系，程序在运行时也不会检查这些数组部分是否重叠，它将只使用数组部分开头的地址。

（6）子句 depend 不能在非同级任务之间建立依赖关系。

（7）如果在同一任务指令中同时包含 if 子句和 depend 子句，当 if 子句的值为 false 时，开销可能很大。当某个任务包含 if（false）子句时，遇到该任务的线程必须暂停执行当前的任务区域，直到生成的任务（包含 if（false）子句的任务）完成为止。同时，任务调度程序在所生成任务的任务依赖项满足之前，无法调度该任务。由于紧随在显式任务生成之后的点是任务调度点，因此任务调度程序将尝试调度任务，以便满足不延迟任务的任务依赖项。查找和调度任务池中正确任务的开销可能会很高。在最糟糕的情况下，开销可能与拥有一个 taskwait 区域相近。

下面举例说明采用 depend 子句来限制同级任务的执行次序。

```cpp
/*  File:dst. cpp  */
/*  program:depend_sibling_task  */
#include <omp. h>
#include <stdio. h>
#include <unistd. h>
int main( )
{
    int a,b,c;
    #pragma omp parallel
    {
        #pragma omp master
        {
            #pragma omp task depend(out:a)
            {
                #pragma omp critical
                printf("Task 1\n");
            }

            #pragma omp task depend(out:b)
            {
                #pragma omp critical
                printf("Task 2\n");
            }
```

```
        #pragma omp task depend(in:a,b)depend(out:c)
        {
            printf("Task 3\n");
        }

        #pragma omp task depend(in:c)
        {
            printf("Task 4\n");
        }
    }
    if(omp_get_thread_num()==1)
        sleep(1);
    }
    return 0;
}
```

执行上述代码后，运行结果如下：

```
Task 1
Task 2
Task 3
Task 4
```

或者

```
Task 2
Task 1
Task 3
Task 4
```

从程序和输出结果可以看出，上述程序具有如下特点：

（1）任务 1、2、3 和 4 都是同一隐式任务区域的子任务，因此都是同级任务。

（2）在 depend 子句中的参数 a、b 和 c 指出这些同级任务之间依赖性，如图 8-8 所示。

（3）任务 3 的输入（a 和 b）依赖是任务 1 的输出（a）和任务 2 的输出（b）。因此，任务 3 是任务 1 和任务 2 的从属任务。这样，在任务 1 和任务 2 完成前，无法调度任务 3。

（4）任务 4 的输入（c）依赖是任务 3 的输出（c）。因此，任务 4 是任务 3 的从属任务。这样，在任务 3 完成前，无法调度任务 4。

（5）任务 1 和任务 2 之间不存在依赖关系，因此任务 1 和任务 2 的运行次序是任意的。

（6）子句 depend 中的变量 a、b 和 c 并不是程序中的真实变量。这是因为子句 depend

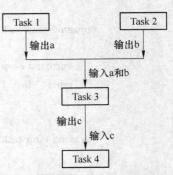

图 8-8 同级任务的依赖关系

只是利用这些变量建立同级任务依赖关系，并不会实际访问这些变量。

8.7 指令 taskloop

OpenMP 4.5 的一个新特征是任务循环结构 taskloop。任务循环结构 taskloop 允许对循环迭代进行分割并捆绑到多个任务中。这些任务由任务循环结构产生、调度执行，每个被创建的任务可以分配 1 个或多个迭代循环。任务循环结构 taskloop 的定义方法如下：

```
#pragma omp taskloop [子句列表]
        if([ taskloop：] scalar-expr)
        shared(list)
        private(list)
        firstprivate(list)
        lastprivate(list)
        default(shared | none)
        grainsize(grain-size)
        num_tasks(num-tasks)
        collapse(n)
        final(scalar-expr)
        priority(priority-value)
        untied
        mergeable
        nogroup
    for 循环体
```

默认情况下，任务循环结构 taskloop 创建的是一个隐式任务。此任务循环结构具有如下特点：

（1）循环体必须有一个或多个循环。这个循环体不能是 do while 形式，也不能是没有循环控制的 for 循环。

（2）在循环迭代任务中，循环指标变量被隐式地定义为私有变量。除非循环指标变量采用 lastprivate 子句定义，否则当循环结束后，循环指标变量的值是不确定的。与区域 taskloop 绑定的线程组是当前线程组。区域 taskloop 绑定到最里面的封闭并行区域。

（3）当线程遇到 taskloop 结构时，该结构将对相关的循环进行分割使之成为可并行执行的循环迭代任务。但是循环任务的创建没有顺序，并且程序的执行也不依赖于逻辑循环迭代的执行顺序。

（4）如果存在子句 grainsize，且其参数是正整数，则分配给每个任务的逻辑循环迭代次数大于粒度表达式的值，小于两倍的粒度表达式的值。

（5）如果存在子句 num_tasks，且其参数是正整数，则结构 taskloop 创建的任务数量等于 num-tasks 表达式的值。每个任务至少分配一次循环迭代。

（6）子句 collapse 用于确定与结构 taskloop 相关联的多重循环的层数，其参数必须是正整数。如果没有设定 collapse 子句，那么与结构 taskloop 相关联的循环是紧跟在指令

taskloop 之后的循环。利用 collapse 子句可以将与结构 taskloop 相关联的多重循环进行合并并展开成为一个更大的循环，然后根据子句 grainize 和子句 num_tasks 进行划分。

（7）在进入最外层循环之前，需要计算每个相关循环的迭代次数。如果相关循环的执行改变了用于计算迭代次数的值，那么程序的运行将是未设定的。

（8）当存在子句 if 并且子句 if 表达式的值为 false，则生成不延迟的任务。在子句 if 表达式中变量的使用会导致对所有封闭结构中此变量的隐式访问。

（9）当存在子句 final 并且子句 final 表达式的值为 true 时，生成的任务将是最终任务。在子句 final 表达式中变量的使用会导致对所有封闭结构中此变量的隐式访问。

（10）当存在子句 priority 时，生成的任务具有优先级值。如果没有指定子句 priority，则结构 taskloop 生成的任务具有默认任务优先级（其值为零）。当存在子句 untied 时，结构 taskloop 创建的所有任务都为非绑定任务。当存在子句 mergeable 时，每个生成的任务是一个可合并的任务。

在使用结构 taskloop 时，需要注意以下几点：

（1）程序不能存在跳入或跳出 taskloop 区域的分支操作。

（2）与结构 taskloop 相关联的所有循环必须完全嵌套。换言之，在任何两个循环之间不能有中间代码或任何 OpenMP 指令。

（3）子句 grainsize 和子句 num_tasks 是互斥的，它们不能同时出现在同一个 taskloop 指令中。

（4）当变量在区域 taskloop 内是共享变量时，编程人员必须添加适当的同步操作，从而保证在 taskloop 完成之前，变量没有结束其寿命且其子孙任务已经被执行完毕。

与指令 for 类似，指令 taskloop 位于 for 循环之前，通过将循环划分为一个或多个任务来并行化循环。默认情况下，构造 taskloop 像封闭在 taskgroup 构造中一样执行，而基本用法类似于 for 构造。下面是一个使用 taskloop 进行循环任务划分的例子。

```
#pragma omp taskloop num_tasks(32)
    for( int i = 0;i< 1024;i++)
        do_something(i);
```

上面的代码将在一个任务组中创建 32 项相互关联的任务。

如果采用 taskgroup 完成上述任务，则编程人员需要手动完成任务的划分，相关的程序片断如下：

```
#pragma omp taskgroup
{
    for( int tmp = 0;tmp < 32;tmp++)
        #pragma omp task
        for( int i = tmp * 32;i < tmp * 32 + 32;i++)
            do_something(i);
}
```

下面的程序片断展示在执行一个重负载任务的同时，如何利用 taskloop 执行一个负载不均衡的循环。

```
void parallel_work( void)
{
    int i,j;
    #pragma omp taskgroup
    {
        #pragma omp task
        heavy_task( );

        #pragma omp taskloop private( j) grainsize( 500) nogroup
        for( i = 0; i < 10000; i++)
        {
            for( j = 0; j < i; j++)
            {
                light_task( i,j);
            }
        }
    }
}
```

从程序代码可以看出，上述程序具有如下特点：

（1）为了实现任务的粗粒度，子句 grainize 指定每个迭代任务至少有 500 次循环迭代。

（2）因为不存在循环依赖，因此子句 nogroup 可以删除 taskloop 构造的隐式 taskgroup，从而提高计算效率。

（3）指令 taskgroup 构造确保在重负载任务 heavy＿task 和循环迭代完成之前函数 parallel_work 不会退出。

指令 taskloope 可以与指令 simd 联用，其效果是两者效果的组合。复合指令 taskloop simd 的用法如下：

```
#pragma omp taskloop simd［子句］
for 循环体
```

其中，子句选项与指令 taskloop 或指令 simd 的子句选项相同。

8.8 小规模任务

当任务的规模变得越来越小时，创建要计算的任务的成本可能大于任务本身的计算成果。这时，通过子句 final 来判断任务是否需要立即执行，或者是否需要创建它的数据环境。如果存在子句 mergeable，则实现任务的合并。这两种新扩展有助于调优任务并行化性能，在计算规模变小时减少成本。

8.8.1 子句 final

对于执行任务分解的递归问题，当遍历一定深度上，停止生成任务有助于保证任务具有粗粒度，从而减少并行开销提高并行效率。在 8.2.5 节递归程序 ft. cpp 中，函数 fib 生成的任务会在一个并行区域中运行。如果将：

```
#pragma omp task shared(i)firstprivate(n)
i=fib(n-1);
#pragma omp task shared(j)firstprivate(n)
j=fib(n-2);
```

替换为：

```
#pragma omp task shared(i)firstprivate(n)final(n <= 10)
i=fib(n-1);
#pragma omp task shared(j)firstprivate(n)final(n <= 10)
j=fib(n-2);
```

因为每个指令 task 均存在 final 子句。如果 final 子句表达式（n <= 10）的计算结果为 true，则生成的任务为最终任务。这些任务将由遇到这些任务的线程立即执行，从而减少在池中放置任务的开销。

8.8.2 子句 mergeable

如果使用子句 mergeable，那么应用将合并任务的数据环境。所合并的任务一般是不可延迟任务（具有子句 if 且子句表达式的值为 false）或包含任务（具有子句 final 且子句表达式的值为 true）。

在 8.2.5 节递归程序 tr. cpp 中，函数 fib 生成的任务会在一个并行区域中运行。如果将：

```
#pragma omp task shared(i)firstprivate(n)
i=fib(n-1);
#pragma omp task shared(j)firstprivate(n)
j=fib(n-2);
```

进一步替换为：

```
#pragma omp task shared(i)firstprivate(n)final(n <= 10)mergeable
i=fib(n-1);
#pragma omp task shared(j)firstprivate(n)final(n <= 10)mergeable
j=fib(n-2);
```

这样所生成的任务具有如下特点：递归函数需要遍历要计算的列表。当它遍历到某个深度时，如果计算规模过小，则创建一个新任务不划算。子句 mergeable 告诉编译器不要为可合并的任务创建新数据环境，以减少任务生成成本。需要注意的是，子句 mergeable 与子句 final 一起使用最为有效。这是因为在最终任务区域中创建的所有任务都是包含任务。如果存在 mergeable 子句，则这些包含任务可以被合并。在任务中使用子句 mergeable 时，一定要小心地区分并行区域中和任务中的同名变量属性。

8.9 子句 priority

OpenMP 4.5 中对任务指令的改变是增加了任务优先级。子句 priority 可用来指定任务执行的优先级。在所有准备执行的任务中，将优先执行优先级高的任务。子句 priority 的参数是一个非负的整数，默认值为 0。但是不要试图依靠子句 priority 规定任务的执行次序。

8.10   小 结

本章介绍了 OpenMP 3.0 中指令 task 的用法。对于静态的显式任务，可采用 for，sections 等指令进行任务划分，而对于动态或者非规则的多任务并行则可使用 task 指令进行并行。在创建任务时，一般会使用指令 single；在任务调试过程中，一般会使用指令 barrier、taskwait、taskgroup 或 taskyield。如果需要对循环迭代进行分割并捆绑到多个任务中，则会使用指令 taskloop。在任务区域内，一定仔细分析变量的共享属性以及栈数据的可能弹出时机。

练 习 题

8.1 请给出任务的定义，并简述不同类型任务之间的区别。

8.2 简述任务的调度方式，并简述指令 barrier、taskwait、taskgroup、taskyield 之间的区别。

8.3 在任务的执行过程中，试分析任务同步的实现策略？

8.4 试分析结构 taskgroup 和结构 taskloop 之间的区别。

8.5 试简述任务的数据环境特点。

8.6 试分析 8.3.4 节程序 taskyield.cpp 中的同级任务、子任务和子孙任务。

8.7 试采用任务依赖子句 depend 编写两个二维数组初始化并求和的并行程序。

8.8 采用指令 task 来并行计算圆周率。

9 ◆ 向量化 SIMD

向量化（Vectorization）是一种单指令多数据（Single Instruction Mutiple Data，简称SIMD）的并行执行方式。具体而言，向量化是指相同指令在硬件向量处理单元（Vector Processing Unit 简称 VPU）上对多个数据流进行操作。这些硬件向量处理单元也被称为SIMD 单元。例如，两个向量的加法形成的第三个向量就是一个典型的 SIMD 操作。许多处理器具有可同时执行 2、4、8 或更多的 SIMD（矢量）单元执行相同的操作。它通过循环展开、数据依赖分析、指令重排等方式充分挖掘程序中的并行性，将程序中可以并行化的部分合成处理器支持的向量指令，通过复制多个操作数并把它们直接打包在寄存器中，从而完成在同一时间内采用同步方式对多个数据执行同一条指令，有效地提高程序性能。向量化可以充分挖掘处理器并行处理能力，非常适合于处理并行程度高的程序代码[27~37]。

向量化的实现通常可采用两种方式：自动向量化和手动向量化，如图 9-1 所示。

（1）自动向量化：向量化编译器通过分析程序中控制流和数据流的特征，识别并选出可以向量化执行的代码，并将标量指令自动转换为相应的 SIMD 指令的过程。

（2）手动向量化：通过内嵌手写的汇编代码或目标处理器的内部函数来添加 SIMD 指令从而实现代码的向量化。手动向量化又可分为两种情况，串行向量化和并行向量化。

长期以来，程序必须在串行情况下实行向量化。2013 年，OpenMP 4.0 提供了指令simd 对函数和循环进行向量化。需要注意的是，影响向量化执行效率的因素有两个：代码风格和硬件条件。

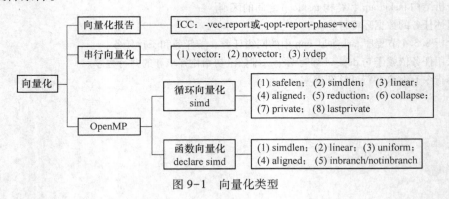

图 9-1　向量化类型

9.1　SIMD 的发展

计算机向量化计算发展十分迅速。1996 年，英特尔开发了一种 SIMD 多媒体指令集MMX，共有 57 条指令。1999 年，Intel 对首次引入的 x86 指令集架构引入了 MMX（Multi Media eXtension）。MMX 提供了 8 个 64 位寄存器，仅支持整数的 SIMD 操作。在此以后，英特尔推出了 SSE（Streaming SIMD Extensions）指令集，后来又扩展形成 SSE2、SSE3 等。目前使用的处理器可能是早期的 Pentium 3、Pentium 4 到现在的 Core i7 处理器。这些处理器采用不同的体系结构，支持不同的单指令多数据流（SIMD）的扩展。表 9-1 给出了硬件 SIMD 技术在发展过程中指令集的演变[38]。

表 9-1　SIMD 技术的发展历程

年份	指令集	处理器	寄存器宽度	特　　点
1996	MMX	Pentium	64 位	57 条指令（算术、移位、逻辑、比较和置位等）
1999	SSE	Pentium 3	128 位	70 条指令（单精度浮点运算和整数的 SIMD 运算，向量处理能力由 64 位扩展到 128 位）
2002	SSE2	Pentium 4	128 位	144 条指令（128 位 SIMD 整数运算和 64 位双精度浮点运算）
2004	SSE3		128 位	13 条指令（线程同步，浮点到整数的转换、SIMD 浮点运算）
2006	SSSE3		128 位	32 条指令（多媒体应用、图形图像处理）
2007	SSE4.1		128 位	47 条指令（向量绘图运算、3D 游戏加速、视频编码加速及协同处理的加速）
2008	SSE4.2		128 位	7 条指令（文本和字符串操作、存储检验）
2008	AVX	Sandy-Bridge	256 位	约 100 条新指令，约 300 条已有的 SSE 指令的更新升级，向量处理能力从 128 位扩展到 256 位
2011	AVX2	Haswell	256 位	融合了乘加操作、256 位跨通道数据重排、寄存器间的广播等，引入了对 256 位整数向量指令
2014	AVX512	Knights Landing	512 位	推出 512 位指令集

　　CPU 在单位时间内（同一时间）能一次处理的二进制数的位数称为字长。8 位字长称为 1 个字节。表 9-1 表明，对于不同类型的 CPU，字长的长度是不相同的。主流 CPU 是 128 位（16 字节）和 256 位（32 字节）字长。高级向量化扩展 AVX（Advanced Vector Extensions）能够使用 256 位宽的寄存器同时对 8 个单精度实数（4 字节）或 4 个双精度实数（8 字节）进行操作。在理想情况下，可以加快单精度实数（4 字节）向量运算 8 次，或者双精度实数（8 字节）向量运算 4 次。其运行机理如图 9-2 所示。

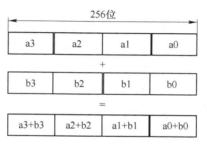

图 9-2　256 位寄存器对双精度数组 a 和 b 执行加法运算

　　向量化的一个重要术语是向量长度。它是指向量化指令同时操作的变量的数量。例

198

如，SSE 寄存器的宽度为 128 位（16 字节）。如果使用单精度变量，则向量长度为 4；如果使用双精度变量，则向量长度为 2。AVX 寄存器的宽度为 256 位，因此对于相同的实数类型，AVX 的指令向量长度将是 SSE 指令向量长度的一倍。

图 9-3 给出的多核并行 SIMD 体系已经成为大多数高性能 CPU 的常见结构。其中，SU 是核内标量处理单元，SIMD 是核内短向量处理单元，MCU（Management Control Unit）是存储的管理控制单元，DRAM 是内存。高性能 CPU 通过多核提供多线程并行，通过核内的 SIMD 单元实现线程内向量化。

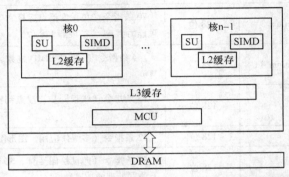

图 9-3　多核 SIMD 体系结构高性能 CPU 处理器结构

9.2　代码风格

代码风格是指源程序代码必须符合实现向量化的规则。对代码进行串行向量化的开关为-vec，此开关通常已经隐含在高级别优化开关-O2 和-O3 中；如果不对循环进行向量化，可使用开关-O1。编译器对代码进行 OpenMP 向量化的开关包含在 OpenMP 开关内。

对循环进行向量化的步骤如下。首先，编译器利用向量长度展开循环，然后将多个标量指令打包到单个向量指令中。该优化过程称为"向量化"。下面的循环中的数组是单精度变量。

```
for( i = 0 ;i<100;i++)
    a[i]=b[i] * c[i];
```

如果向量长度为 4。那么，编译器可将循环转化为如下形式：

```
for( i = 0 ;i<100;i=i+4)
{
    a[i]=b[i] * c[i];
    a[i+1]=b[i+1] * c[i+1];
    a[i+2]=b[i+2] * c[i+2];
    a[i+3]=b[i+3] * c[i+3];
}
```

通过在单步中成组地执行多个标量模式操作，可以将性能潜在地提高到向量长度（在本例中为 4）倍。

可实现向量化的循环具有如下特点：

（1）循环内任何语句均不依赖于其他语句并且不存在循环依赖关系。换言之，循环内任何一个语句必须能够独立执行，这样就要求数据的读写操作必须中立于循环内的每次迭代。如果一个循环迭代存在向后依赖，可以采用子句 safelen 限制此种依赖关系，从而实现在限定向量长度内循环迭代之间不存在依赖。

（2）向量化处理的数据类型尽量保持一致。例如，在同一表达式中尽量避免同时出现单精度变量和双精度变量。

（3）循环指标变量必须是整数类型。在循环入口处循环次数就已经确定，且循环次数在循环执行期间不变，即不能采用没有循环控制的 while 循环结构。在执行循环过程中，动态地更改循环计数的语句（例如，break 语句）不能在循环中出现。如果循环次数不能确定，则不能实现向量化。

（4）循环是单入口单出口的循环。

（5）循环必须结构化并完全嵌套，也就是说，任何两个循环之间不得有任何代码或任何 OpenMP 指令。

（6）对数据的访问进行合理规划，尽量采用顺序访问方式。C 语言中的数组在内存中是按行优先顺序存放的。因此，对于多维数组的读写操作，例如对数组 a[i][j][k] 的访问，应尽量将 for k 作为内层循环，从而提高数据的缓存命中率。因此，推荐的循环次序为 ijk 顺序。

（7）在循环内不要使用输入输出（例如 printf）语句和分支结构，避免在循环内出现条件跳转、条件判断和函数调用，但是可以使用 C/C++ 的标准内部函数。例如，加减乘除、三角函数等。Intel 编译器（其他编译器需要进行调试验证）支持的具有向量化版本的内部函数有 acos、acosh、asin、asinh、atan、atan2、atanh、cbrt、ceil、cos、cosh、erf、erfc、erfinv、exp、exp2、fabs、floor、fmax、fmin、log、log10、log2、pow、round、sin、sinh、sqrt、tan、tanh、trunc。这些函数大多数具有单精度实数和双精度实数两个版本。

（8）使用指针的循环可能造成依赖性。因为指针在循环中一般用来访问数组，编译器无法判断它们是否指向了相同的地址（一般就是别名）。为了对含指针的循环进行向量化，需要作用 restrict 关键字来告诉编译器指针指向的地址是受限制的，仅能通过此指针进行访问，没有别名。需要注意的是，由于使用了 restrict 关键字，因此编译时需要使用 restrict 开关；否则，编译器会认为数组的引用可能会造成交叉迭代。

（9）使用子句 uniform 来保证所有 SIMD 通道均能正确看到子句 uniform 变量的值。子句 uniform 指导编译器通过标量寄存器（而不是向量寄存器）来传递 uniform 变量的值（或指针地址）。

9.3 循环的串行向量化指令 simd

向量化的并行性是数据并行性。但是向量化并不等同于并行化。循环的向量化意味着对循环体内每条语句进行向量化，即根据不同的硬件条件和指令集，一条指令可能在一颗 CPU 内同时处理 4 个（或 8 个）单精度实数的简单运算；而循环的并行化意味着对循环次数进行并行化，即一定数量的线程（多颗 CPU）采用同步或异步的方式执行循环体，且循环体可以包含函数、分支等复杂运算方式。

　　SIMD 处理的对象是向量数据，即每个操作数包含多个相同类型的数据。图 9-4 给出了一个包含 8 个单精度数据的向量。如果数据为标量数据，则需要 8 条指令才能处理这 8 个元素；如果将这 8 个数据打包为一个向量数据，则仅需要 1 条指令即可实现多个数据的同时处理。因此，SIMD 通过将标量运算转换为向量运算，从而有效地提高运算并行度，进而提高程序的性能。

元素0	元素1	元素2	元素3	元素4	元素5	元素6	元素7

图 9-4　多数据的向量

　　一般来说，向量化特别适合于具有大量浮点运算的循环结构。如果函数中存在大量的循环，并且这些循环频繁地进行浮点数运算，那么向量化编译器使用指令 simd 就能较大幅度地提高程序的性能。例如：

```
int m=400;
float a[m],b[m],c[m];
for(i=0,i<m,i++)
    a[i]=b[i]+c[i];
```

在上述循环中，数组 a、b、c 和 d 是 4 个字节即 32 位的单精度实数数组。如果不采用向量化，这个循环需要经过 400 次浮点加法运算。如果在 128 位寄存器中采用 SSE 指令，一条指令能同时完成 4 次浮点加法运算。这样，上述循环在一颗 CPU 内进行 100 次浮点加法就能完成。

　　如果设置一个包含 10 个子线程的线程组采用静态调度方式对上面的循环同时进行并行化和向量化操作。在这个过程中，循环的并行操作要求每个线程均要执行循环体内每条语句；同时，向量化操作可以实现执行一条指令就可以处理 4 次循环迭代，即每个线程执行一次迭代事实上能够完成 4 次迭代任务。这样，线程组内每个线程只需依次进行 10 次迭代就能完成全部任务。那么从理论上来讲，计算时间缩短为非向量化时串行计算时间的 $1/4/10=1/40$。

　　指令 simd 的定义方法如下：

```
#pragma omp simd [子句列表]
                safelen(m)
                simdlen(n)
                linear(变量列表:step)
                aligned(变量列表[:alignment])
                private(变量列表)
                lastprivate(变量列表)
                reduction(运算符:变量列表)
                collapse(n)
{

    循环结构块
}
```

方括号 [ ] 表示可选项。部分子句（private、linear、reduction 和 lastprivate）用于设定子线程或 SIMD 通道的变量的数据共享属性。其他子句则用于设定向量长度限制（simdlen 或 safelen）、循环的展开（collapse）和数据的对齐（aligned）。子句 safelen 中参数 m 是不会导致数据依赖的安全向量化的最大向量长度。它表示在紧随其后的循环中，进行向量化的 m 次循环都是互不相关的。子句 reduction 中的变量是进行规约操作的变量。子句 collapse 表示 n 层嵌套循环进行合并后展开为一个更大的循环。对于循环的每次迭代，子句 linear 中变量列表中的变量按步长 step 进行递增。

常用的子句用法如下：

（1）如果同时指定了 simdlen(n) 和 safelen(m)，则必须满足 n≤m。

（2）子句 aligned 用于数据对齐。参数 alignment 的取值与硬件所支持的 SIMD 指令集有关。如果使用 MMX、SSE、AVX 等指令集进行加速，地址采用 8、16、32 字节对齐时，使用对齐的数据执行读写指令，可以进一步提高运行效率。

（3）循环结构块不能是 do while 形式或没有循环控制的 for 循环。for 循环迭代指标变量必须是整型。与结构相关的所有循环必须是结构化的并且完全嵌套。换言之，在任何两个循环之间不能有中间代码或任何 OpenMP 指令。

（4）子句 linear 中的变量不能出现在子句 reduction、private 和 lastprivate 中。

（5）指令 simd 表示每个线程将执行紧随其后的循环。指令 simd 可以和 parallel、parallel for 联用，也可单独使用

下面举一个例子说明指令 simd 的用法。

```
/ *  File:simdrep. cpp   * /
/ *  program:simd_report   * /
#include <stdio. h>
#include <stdlib. h>
#include<omp. h>
#define M 100
int main( )
{
    float a[ M] ;

    #pragma omp simd
    for( int j=0;j<M;++j)
    for( int i=0;i<M;++i)
    {
        a[ i] =i+j;
    }
    printf( "simd:a[ 10] =%f\n",a[ 10] ) ;
    return 0;
}
```

如果使用的是 Linux 系统下 Intel 编译器，那么可以使用命令：

```
icc –qopenmp –qopt–report–phase＝vec simdrep. cpp
```

则可以得到程序 simdrep. cpp 在 OpenMP 向量化方面的报告。使用命令：

```
more simdrep. optrpt
```

或文本编辑器可以查看这个报告。报告内容如下：

```
Intel(R)Advisor can now assist with vectorization and show optimization
    report messages with your source code.
See "https://software. intel. com/en–us/intel–advisor–xe" for details.


Begin optimization report for:main()

    Report from:Vector optimizations [vec]


LOOP BEGIN at simdrep. cpp(11,14)
    remark #15301:OpenMP SIMD LOOP WAS VECTORIZED

    LOOP BEGIN at simdrep. cpp(12,5)
      remark #25460:No loop optimizations reported
    LOOP END
LOOP END
```

从程序和向量化报告可以看出，上述程序具有如下特点：
（1）该报告对主程序 main 的向量化情况作了说明。
（2）编译器对主程序的外层循环（第 11 行第 14 列开始），进行了 OpenMP 的循环向量化。
（3）编译器对主程序的内层循环（第 12 行第 5 列开始），没有进行向量化。
下面的例子定量分析了向量化对循环计算效率的提升效果。

```
/＊  File:simd. cpp  ＊/
/＊  program:simd  ＊/
#include <stdio. h>
#include <stdlib. h>
#include<omp. h>
#include<math. h>
#define M 100000
int main()
{
    float a[M],b[M];
```

```
double t1,t2;

t1=omp_get_wtime();
#pragma omp simd
for(int j=0;j<M;++j)
for(int i=0;i<M;++i)
{
    a[i]=log(pow(2.71828,(pow(sin(pow(1.1,1.1)),1.1)+1.0))+j);
    b[i]=cos(log(pow(2.71828,(pow(sin(pow(1.1,1.1)),1.1)+1.0))+j));
}
t2=omp_get_wtime();
printf("Elapsed CPU time =%lf seconds. \n",t2-t1);
printf("simd:a[10]=%f,b[10]=%f\n",a[10],b[10]);
printf("\n");

t1=omp_get_wtime();
for(int j=0;j<M;++j)
for(int i=0;i<M;++i)
{
    a[i]=log(pow(2.71828,(pow(sin(pow(1.1,1.1)),1.1)+1.0))+j);
    b[i]=cos(log(pow(2.71828,(pow(sin(pow(1.1,1.1)),1.1)+1.0))+j));
}
t2=omp_get_wtime();
printf("Elapsed CPU time =%lf seconds. \n",t2-t1);
printf("a[10]=%f,b[10]=%f\n",a[10],b[10]);
return 0;
}
```

上述代码的执行结果如下:

```
Elapsed CPU time =4.440972 seconds.
simd:a[10]=11.512981,b[10]=0.494628

Elapsed CPU time =13.674511 seconds.
a[10]=11.512981,b[10]=0.494628
```

从程序和输出结果可以看出，上述程序具有如下特点：

（1）利用时间函数 omp_get_wtime() 给出了有无#pragma omp simd 情况下二重循环的计算耗时。

（2）使用指令 simd 后，计算时间是 4.44 秒，约为未采用指令 simd 的 1/3。这是因为计算用 CPU 是 Xeon DP 5450，SIMD 宽度为 128 位，只能对 4 个单精度数进行向量化，理论上采用指令 simd 后，运算时间缩短为原来的 1/4。但在实际运行中存在其他开销，因此本例中的加速比仅为 3。

9.3.1 子句 aligned

不同的硬件平台对内存空间的处理上有很大的不同。大多数平台读写对齐的数据比读写未对齐的数据要快得多，尤其是 SIMD（向量型）数据。但是编译器无法检测程序中所有模块中数据对齐属性，因此只能保守地采用非对齐的存取模式，这样就会降低存取效率。

子句 aligned 属性要求编译器对变量列表中变量按照给定的字节数进行对齐，即数据对齐。子句 aligned 中参数一般为 8、16、32 或 64，从而设定 8 位、16 位、32 位或 64 位的数据对齐，这样方便编译器对 SIMD 代码进行优化。例如，对于 Intel Pentium 4 到 Intel Core i7 处理器，字节对齐参数取 16；对于 Intel AVX 和 Intel AVX2 处理器，字节对齐参数取 32；对于 Intel Xeon Phi 协处理器，对齐参数取 64。如果没有指定 aligned 中参数，则使用目标平台默认的对齐量。该子句属性可以在函数声明和单个 SIMD 语句中使用。

下面给出一个程序片断来说明子句 aligned 的用法。

```
#pragma omp simd aligned(a,b:16)
for( int n=0;n<8;++n)
    a[n] += b[n];
```

9.3.2 子句 safelen

子句 safelen 中参数 m 是一个正整数，它是在不打破循环依赖情况下并发执行循环迭代的最大数目。子句 safelen 限制一个 simd 块的最大迭代次数，要求 simd 指令同时执行的任意两个循环迭代次数在逻辑迭代空间中的距离都不大于 m；即向量 SIMD 并发处理的个数不能超过 m。实际的并发执行数量可能更少，这取决于硬件条件和编译器。

下面举一个例子来说明子句 safelen 的用法。

```
/*  File:ss.cpp   */
/*  program:simd_safelen   */
#include <stdio. h>
#include <stdlib. h>
#include<omp. h>
#define M 10
int main( )
{
    int a[M];

    for( int i=0;i<M;++i)
    {
        a[i]=i;
        printf("%d  ",a[i]);
    }
    printf(" \n");
```

```
#pragma omp simd safelen(5)
for( int i=5;i<M;++i)
    a[i] =a[i-5];

for( int i=0;i<M;++i)
    printf("%d  ",a[i]);
printf("\n");
return 0;
}
```

上述代码的执行结果如下：

```
0 1 2 3 4 5 6 7 8 9
0 1 2 3 4 0 1 2 3 4
```

从程序和输出结果可以看出，上述程序具有如下特点：

（1）a[i] =a[i-5] 表明当存在数组元素之间的距离大于 5 时就存在依赖关系，这原本不能被向量化。例如，a[5] 的值取决于 a[0]；a[10] 的值取决于 a[5]，进而取决于 a[0]。因此指令 simd 一次处理的向量长度不大于 5 个是安全的。

（2）当 m 大于 5，那么对 m 个循环进行向量化就存在依赖关系；当 m 小于或等于 5，那么对 m 个循环进行向量化就不存在依赖关系。因此可以加入#pragma simd safelen(5) 对程序的向量长度进行限制。

9.3.3 子句 simdlen

子句 simdlen(n) 的作用是明确指出向量循环中每个迭代执行相当于标量循环执行的 n 次迭代的计算。子句 simdlen 中参数 n 是向量长度（Vector Length 简称 VL），它必须是 2 的幂，如 2、4、8、16、32 或 64。因为每个并发迭代将由不同的 SIMD 通道执行，所以子句 simdlen 的取值事实上确定了 SIMD 通道的个数。这个参数 n 的取值可参考表 9-1，但是不能大于子句 safelen 中的参数 m。

如果编译人员没有使用子句 simdlen，也没有使用子句 safelen，那么编译器将根据硬件的向量长度来确定程序的向量长度。例如，如果 Intel CPU 具有 SSE 向量架构，那么当函数类型是 int 时向量长度为 8；当函数类型是 float 时向量长度为 4。

下面举一个程序片断为例来说明子句 simdlen 的用法。

```
#pragma omp simd simdlen(8)
for( inti= 0;i< n;++i)
    y[i] = 2.0 * x[i];
```

9.3.4 子句 linear

子句 linear（x：step）变量列表中的变量 x 对于每次迭代（或每个 SIMD 通道）而言是私有的，它与循环迭代次数 i 之间存在线性关系：

$$x_i = x_0 + i * step$$

如果设定参数 step 的值，那么 step 的值在执行此 SIMD 结构期间必须是不变的；如果没有设定参数 step 的值，则 step 的默认值是 1。

下面以一个程序为例来说明子句 linear 的用法。

```
/*  File:sl. cpp   */
/*  program:simd_linear   */
#include <stdio. h>
#include <stdlib. h>
#include<omp. h>
#define M 10
int b = 10;
int main( )
{
    int a[M],i;

    #pragma omp simd linear(b:2)
    for(i=0;i<M;i++)a[i] = b;

    printf("simd linear:");
    for(i=0;i<M;i++)printf("   %d",a[i]);
    printf("\n");

    #pragma omp simd
    for(i=0;i<M;i++)a[i] = b;

    printf("        simd:");
    for(i=0;i<M;i++)printf("   %d",a[i]);
    printf("\n");

    return 0;
}
```

上述代码的执行结果如下：

```
simd linear:  10  10  10  10  10  10  10  10  10  10
       simd:  10  10  10  10  10  10  10  10  10  10
```

此程序在 icc 16.02 和 gcc 4.85 中运行结果不正确。可能是目前的版本尚不支持子句 linear。正确的结果应该是：

```
simd linear：  10  12  14  16  18  20  22  24  26  28
```

9.4　循环的并行向量化指令 for simd

OpenMP 提供了多线程方式来并行执行程序。如果每个线程能够充分利用每个处理器核心的 SIMD 浮点寄存器进行数据并行，则可以进一步提高程序的性能。循环的并行向量化指令是将已有的指令 for 和指令 simd 相结合，形成了复合指令 for simd。具体而言，首先将循环的执行分配给多个线程，然后每个线程采用向量化方式执行自己的循环结构块。

由于复合指令 for simd 是指令 for 和指令 simd 的结合，因此它的子句也是这两个指令子句的交集，即：

```
#pragma omp for simd [子句列表]
            private(变量列表)
            lastprivate(变量列表)
            reduction(运算符:变量列表)
            collapse(n)
}
    循环结构块
}
```

图 9-5 给出了 OpenMP 使用 3 个线程在 128 位寄存器上对 2 个双精度数加法的并行向量化原理。在串行状态下，只能使用 1 个线程计算 1 个双精度加法，其余线程处于空闲状态；在并行状态下，可以使用 3 个线程，每个线程只能计算 1 个双精度加法，共计算 3 个双精度加法；在并行向量化状态，可以使用 3 个线程，每个线程可以计算 2 个双精度加法，共计算 6 个双精度加法。

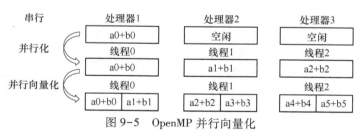

图 9-5　OpenMP 并行向量化

下面以一个程序片断为例来说明组合指令 for simd 的用法。

```
float sum=0.0;
#pragma omp for simd reduction(+:sum)
for(int i=0;i<M;++i)
    sum+=a[i];
```

9.5　函数的向量化指令 declare simd

指令 declare simd 用于声明函数的向量化版本。此函数必须在循环内部构造，并且应用了一个 simd 指令。这样在循环中调用函数时，程序能够以向量化方式执行此函数。子句给出了参数说明（linear、uniform 和 aligned），向量长度（simdlen），并指定该函数始终还是不会在循环的条件语句中调用（notinbranch 或 inbranch）。后者用于程序的性能优化。

指令 declare simd 的定义方法如下：

```
#pragma omp declare simd [子句列表]
              simdlen(n)
              linear(变量列表:step)
              aligned(变量列表[ :alignment])
              uniform(变量列表)
              inbranch
              notinbranch
函数
```

9.5.1　子句 inbranch 和 notinbranch

子句 inbranch 和子句 notinbranch 一般与指令 declare simd 联合用于对函数向量化的声明。子句 inbranch 表明该函数将始终从 SIMD 循环的条件语句内部调用。子句 notinbranch 表明该函数永远不会从 SIMD 循环的条件语句内部调用。编译器可以使用这些子句对代码进行优化。如果在函数前没有指定这两个子句中的一个，即此函数可能用于条件语句调用，也可能用于非条件语句调用，那么对于每个 SIMD 函数，编译器将提供两个函数版本，一个用于条件语句调用，一个用于非条件语句调用。

下面以一个程序为例来说明子句 inbranch 的用法。

```cpp
/* File:sib.cpp  */
/* program:simd_inbrance  */
#include <stdio.h>
#include <stdlib.h>
#include<omp.h>
#define M 5


#pragma omp declare simd inbranch
int change(int *p)
{
    *p = *p + 10;
    return *p;
}


int myaddint(int *a,int *b,int n)
{
    #pragma omp simd
    for(int i=0;i<n;i++)
```

```
    {
        if(b[i] > M/2)
        /* function change is always called from inside an if statement in the SIMD loop */
            a[i] = change(&b[i]);
    }
    return a[n-1];
}


int main()
{
    int a[M],b[M],i;

    for(i=0;i<M;i++)
    {
        a[i] = i;
        b[i] = i;
    }

    myaddint(a,b,M);

    for(i=0;i<M;i++)printf("%d  %d  %d\n",i,a[i],b[i]);

    return 0;
}
```

上述代码的执行结果如下：

```
0   0    0
1   1    1
2   2    2
3   13   13
4   14   14
```

从程序和输出结果可以看出，上述程序具有如下特点：

（1）在函数 myaddint 的循环中调用函数 change。由于此循环采用指令 simd 进行了向量化，因此可以对函数 change 进行向量化说明 declare simd。

（2）由于此循环在条件语句 if 中调用函数 change，因此采用子句 inbranch 通知编译器仅生成一个用于条件语句函数调用版本。

在下面递归程序中也使用了子句 inbranch。

```
/* File:sibr.cpp   */
/* program:simd_inbrance_recursion   */
#include <stdio.h>
```

```
#include <stdlib. h>
#include<omp. h>
#define N 45
int a[N],b[N],c[N];


#pragma omp declare simd inbranch
int fib( int n )
{
    if( n <= 2)
        return n;
    else
        return fib(n-1)+ fib(n-2);
}


int main(void)
{
    for( int i=0;i < N;i++)
        b[i] = i;

    #pragma omp simd
    for( int i=0;i < N;i++)
    {
        a[i] = fib(b[i]);
    }
    printf("a[%d] = %d\n",N-1,a[N-1]);
    return 0;
}
```

9.5.2 子句 uniform

子句 uniform 一般与 declare simd 联合用于用函数向量化的声明。在单个 SIMD 循环中的向量化调用函数过程中，子句 uniform 所声明的参数一直保持不变。这样在向量化执行函数过程中，此参数能够在 SIMD 通道间有效地实现共享，减少运行开销。

下面举一个例子来说明 declare simd 的用法。

```
/*  File:dsf. cpp   */
/*  program:declare_simd_function   */
#include <stdio. h>
#include <stdlib. h>
#include<omp. h>
const int N=32;
```

```
#pragma omp declare simd uniform(num)notinbranch
double aver(double a,double num)
{
    double c;
    c =(a + num)/2. ;
    return c;
}


#pragma omp declare simd uniform(a)notinbranch
double add(double * a,int i,double * b)
{
    double c;
    c = a[i] + * b;
    return c;
}

int main()
{
    int i;
    double a[N],b[N],c[N],tmp;

    for(i=0;i<=N;i++)
    {
        a[i]=i;
        b[i]=N-i;
    }


#pragma omp simd private(tmp)
    for(i=0;i<=N;i++)
    {
        tmp=aver(a[i],1.0);
        c[i]=add(b,i,&tmp);
    }


    for(i=0;i<=N;i=i+8)
    {
        printf("%d    %f    %f    %f\n",i,a[i],b[i],c[i]);
    }


    return 0;
}
```

执行上述代码后，运行结果如下：

0	16.500000	32.000000	32.500000
8	8.000000	24.000000	28.500000
16	16.000000	16.000000	24.500000
24	24.000000	8.000000	20.500000
32	32.000000	0.000000	16.500000

从程序和运行结果可以看出，上述程序具有如下特点：

（1）当一个函数可以在循环中内联[27]时，编译器有机会对循环进行向量化。通过函数声明和循环中临时变量的私有化，编译器通常可以为循环创建运行更快的向量代码。在本例中，采用指令 declare simd 声明的函数 aver 和 add，在相关的 SIMD 循环中，能够产生相应的 SIMD 函数版本。函数给出了访问数据的两种方法：单精度的变量和数组中的单个元素。

（2）在主程序循环的 simd 结构中，变量 tmp 是 private 变量，这样可以保证每个向量在执行过程中都有自己的 tmp 变量副本。

（3）在 declare simd 结构中使用了 uniform 子句。该子句用于表明变量 num 在 SIMD 运算中是一个不变量。在函数 add 中的子句 uniform 中出现了 a，这是因为 C++指针在 SIMD 运算中是一个不变的常数。

（4）由于函数 aver 和 add 不会在 SIMD 循环的条件语句（if）内部调用，因此在函数声明中应用了子句 notinbranch，通知编译器只生成函数的非条件语句调用版本。

9.6　小　结

本章介绍了 OpenMP 4.0 中指令 simd 的用法。在指令 simd 的子句中，子句 safelen 是在不打破循环依赖情况下并发执行循环迭代的最大数目。子句 simdlen（n）取决于 CPU 的型号和编译器所支持 SIMD 指令集的版本，但是不能大于子句 safelen 中的参数。

练 习 题

9.1　试分析向量化与并行化的区别。

9.2　试给出对循环进行向量化需满足的条件。

9.3　如果使用的是 Linux 系统下 Intel 编译器，那么可以使用命令开关-qopt-report-phase＝vec 分析 10.6 函数向量化指令 declare simd 中程序 File：dsf.cpp 的向量化特点。

9.4　试分析子句 safelen 与子句 simdlen 的区别。

9.5　试分析指令 simd 的子句 linear 中的变量不能出现在子句 reduction、private 和 lastprivate 中的原因。

9.6　试采用指令 simd 来计算圆周率。

9.7　Intel Xeon E7-4820V3 支持的指令集是 AVX 2.0，试给出子句 simdlen 中参数的取值。

10 异构计算

异构计算（Heterogeneous computing）是指在异构计算系统上进行的并行计算[28~31,37~44]。常见的计算单元类别包括：CPU（中央处理器）、GPU（图形处理器）、协处理器、DSP（信号处理器）、ASIC（专用集成电路）、FPGA（现场可编程门阵列）等。早在 20 世纪 80 年代中期，异构计算技术就诞生了，它主要是指使用不同类型指令集、不同体系架构的计算单元组成混合系统的一种特殊计算方式。近年来，随着人工智能、大数据等概念的兴起，异构计算已经是半导体行业和 IT 行业的热门词汇。时至今日，异构计算已经遍布计算行业的每一个领域，上到高端服务器、高性能计算，下到低功耗嵌入式设备（包括智能手机和平板机），无所不在。

异构计算近年来得到了业界的普遍关注，主要是因为通过提升 CPU 时钟频率和内核数量来提高计算能力的传统方式遇到了散热和能耗等方面的限制。而引入特定的单元（例如 GPU）让计算系统变成混合结构就成为了必然。异构计算中所使用的计算资源具有多种类型的计算能力，因此异构计算能经济有效地获取高性能计算能力，具有扩展性好、计算资源利用率高、发展潜力巨大等优点。例如，虽然 GPU 的单个处理单元（比如流处理器）的性能不及 CPU 的单个内核，但它具备大量的处理单元，并行运算能力相当强。只是前期大量软件的开发和优化都是针对 CPU 进行的，并未得到充分利用 GPU 强大的并行运算能力。如今 CPU 发展遇到了瓶颈，因此如何把以 GPU 为代表的不同类型的计算单元潜能发挥出来，也就成为业界关注的热点。

面对异构计算迅猛的发展，OpenMP 4.0 规范适时地加入了对异构计算的支持。这些编译指导语句与 OpenACC 功能类似，但是语法上适应 OpenMP 的风格，并支持更多、更广泛的异构硬件。

在本章中，CPU 称为主机，GPU 等加速器称为目标设备。异构计算通常会涉及控制权的移交、建立变量在主机和目标设备之间的映射关系、建立目标设备的数据环境、建立线程组群、进行工作共享等多个步骤，如图 10-1 所示。一个异构计算应用可以使用多个目标设备。这样，主机上的线程执行整个程序的隐式并行区域，主机需要将代码和数据卸载到一个或多个设备上。每个设备都有自己的线程，不同设备上执行的线程是截然不同的，且线程不能从一个设备到迁移另一个设备。异构计算执行模型是以主机为中心，利用主机将任务卸载到目标设备，进行执行。

在异构计算中，OpenMP 4.5 规范中的一个重要变化是设备中标量变量和 C/C ++指针变量的默认属性是 firstprivate 变量。

10.1 目标设备查询

异构计算离不开硬件系统。为了充分发挥硬件系统的功能并及时监测异构计算程序的

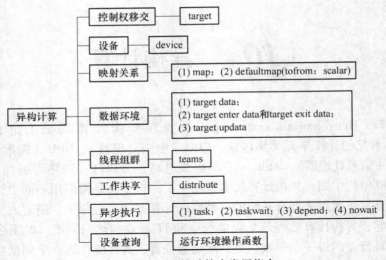

图 10-1　异构计算中常用指令

运行，编程人员经常需要使用表 10-1 中的函数。

表 10-1　异构编程中常用运行环境操作函数

函 数 名	描 述
int omp_is_initial_device(void)	查询代码是在主机上还是在目标设备上执行
void omp_set_default_device(int dev_num)	通过设备编号来控制默认的目标设备
int omp_get_default_device(void)	返回默认目标设备的设备编号
int omp_get_initial_device(void)	返回主机的设备编号
int omp_get_num_devices(void)	返回目标设备的数量
int omp_get_num_teams(void)	返回当前区域的线程组的数量
into mp_get_team_num(void)	返回当前调用线程所在线程组的编号

　　下面的程序展示了如何查询当前目标设备。

```
/*  File:cd.cpp   */
/*  program:check_devices   */
#include <stdio.h>
#include <stdlib.h>
#include <omp.h>
int main()
{
    int host,default_device;
    host=omp_get_initial_device();
    default_device=omp_get_default_device();
    printf("Host device = %d\n",host);
    printf("Default device = %d\n",default_device);
    printf("number of threads in Default device = %d\n",omp_get_num_threads());
```

```
    printf("number of CPUs in Default device = %d\n",omp_get_num_procs());
    printf("\n");

    if(omp_get_num_devices()< 1 || default_device < 0)
    {
        printf(" ERROR:No device found. \n");
        exit(1);
    }

    omp_set_default_device(default_device+1);
    if(omp_get_default_device()! = default_device+1)
        printf("Default device is still = %d\n",default_device);
    printf("number of threads in this device = %d\n",omp_get_num_threads());
    printf("number of CPUs in this device = %d\n",omp_get_num_procs());
    return 0;
}
```

从程序代码可以看出，上述程序具有如下特点：

（1）利用函数 omp_get_initial_device() 得到主机的设备号。

（2）利用函数 omp_get_default_device() 得到默认设备编号，利用函数 omp_get_num_devices() 得到设备数量，如果设备数量小于 1，或者默认设备编号小于零，则无法进行异构计算，退出程序。

（3）异构计算需要除主机以外的其他设备。如果只有一个异构计算设备，那么其设备号为 default_device+1。通过调用函数 omp_set_default_device(default_device+1) 将异构计算设备设置为默认设备。如果成功地将异构计算设备设置为默认设备，那么利用函数 omp_get_num_threads() 和 omp_get_num_procs() 就能得到异构计算设备上能提供的线程数量和处理器数量。

10.2　控制权的移交指令 target

结构 target 由一个指令 target 和一个 target 区域组成。区域 target 将在默认设备或子句 device 指定的设备上执行。指令 target 要求 target 结构内代码块在目标设备上运行，同时执行这些代码前需要将相关数据映射（map）到目标设备上；在计算完成后，所需要的数据还需从目标设备映射回主机。

在目标设备上有两类数据，一类是仅供目标设备使用的数据；另一类是主机和目标设备上均需使用的数据。子句 map 用于设置目标设备存储、主机和目标设备之间数据移动方向，并控制设备存储的持续时间。其中，仅供目标设备使用的数据（临时数据）采用子句 alloc 定义，主机和目标设备上均需使用的数据采用 to、from 或 tofrom 来规定数据的传输方向。但是在执行 target 区域代码过程中，不允许主机访问目标设备的数据。

在设备上显式创建存储，传输数据和释放存储的结构可分为结构化和非结构化两种。

结构 target data 是结构化的。它给 target 结构创建了数据区域，能够给多个 target 区域提供持久数据。结构 target enter data 和 target exit data 是非结构化的，一般用于类（class）和结构（struct）两种数据类型。

结构 target 的执行机制是以 target 任务的形式出现。当遇到 target 结构时，就会产生一个 target 任务。此 target 任务区域覆盖 target 区域，而 target 任务的数据环境则根据 target 结构的数据共享属性来确定。在 target 结构中映射的变量具有在 target 任务数据环境中默认数据共享属性。当 target 区域执行完毕且所有数据传输完成后，target 任务就完成了。当在指令 target 后使用 nowait 子句时，利用可延迟任务就能实现异构计算的异步执行。当执行一个 target 任务时，封装的 target 区域将在目标设备上执行。如果目标设备不存在或者应用不支持目标设备，那么 target 任务将在主机上执行。

指令 target 的语法格式如下：

```
#pragma omp target［子句］
            if(［ target：］标量表达式)
            device(整数表达式)
            private(变量列表)
            firstprivate(变量列表)
            map(［映射类型：］变量列表)
            is_device_ptr(列表)
            defaultmap(tofrom:scalar)
            nowait
            depend(依赖类型:变量列表)
代码块
```

其中，在指令中最多出现一个 defaultmap 子句。当存在 if 子句并且 if 子句表达式计算为 false 时，主机执行 target 区域。如果存在 nowait 子句，则 target 任务可以延迟执行。如果不存在 nowait 子句，则 target 任务是一个包含任务。如果存在 depend 子句，则它与 target 任务相关联。子句 is_device_ptr 指出列表项是在设备数据环境中的有效设备指针。如果数组出现在 map 子句中，则结构中该变量的数据共享属性为 firstprivate。在执行 target 结构前，私有变量数组采用设备数据环境中相应数组进行初始化。如果相应的数组不在设备数据环境中，则私有变量数组被初始化为 NULL。如果没有子句 defaultmap（tofrom：scalar），那么标量变量没有建立映射关系。取而代之的是这些标量变量具有 firstprivate 的隐式数据共享属性。如果存在子句 defaultmap（tofrom：scalar）子句，则标量变量具有 tofrom 映射类型。

10.2.1　子句 device

OpenMP 4.0 规范定义了 OpenMP 程序开始执行的主机设备以及可以卸载代码区域的目标设备。区域 target 的代码在默认设备或子句 device 指定的设备上执行。子句 device 的参数是整数表达式，其值是设备编号。

10.2.2　子句 map

在默认情况下，所有变量都涉及在设备上的传入和传出。除非设备是主机，或者设备上存在的数据来源于此设备以前执行过的数据环境，或已经从主机上得到了相关拷贝，编程人员才能不考虑数据在设备上的数据传输。

　　结构 target 可以在目标设备上显式地创建存储，从主机复制数据或回传数据给主机和释放内存。子句 map 指定了目标设备的存储和从主机传入数据和向主机传出数据，以及控制设备数据的存在时间。

　　子句 map 的语法格式如下：

```
map[映射类型:变量列表]
```

变量列表中的变量可以是数组，也可以是结构元素。映射类型有 tofrom、to、from、alloc、release 和 delete。其中，映射类型 alloc 是向栈申请内存，在 target 区域结束处会自动释放内存用于目标设备使用的临时变量。映射参数 delete 用于避免将数据回传给主机。映射参数 to 表示数据传输方向是从主机到目标设备，映射参数 from 表示数据传输方向是从目标设备到主机，如图 10-2 所示。换言之，对于目标设备而言，参数 to 意味着目标设备从主机读入相关变量，参数 from 意味着目标设备对相关变量进行写操作后将最新数据传递给主机。通过设置指定目标设备上的数据传输的方向，可以减少对 target 区域数据的传输任务。

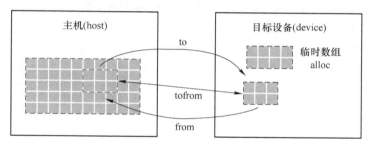

图 10-2　主机和目标设备之间的数据传输

需要说明的是：

（1）在没有显式说明的情况下，数组的默认映射类型是 tofrom。

```
map(tofrom:A)
```

（2）在没有显式说明的情况下，指针的映射类型是具有 tofrom 类型的零长度的指针。

```
map(tofrom:p[0:0])
```

（3）在没有显式说明的情况下，标量变量的默认类型 firstprivate 变量，这样在 target 结束处，标量变量的值不能回传给主机。建议对标量变量进行如下的显式说明。

```
defaultmap(tofrom:scalar)
```

（4）子句 map(p[:]) 并不等价于子句 map(p)。子句 map(p[:]) 意味着将指针映射到数据环境中；而 map(p) 意味着将指针以标量的形式射到映数据环境中，它仅仅是指针地址的拷贝。

（5）子句 map(p[:N]) 并不等价于子句 map(N)。子句 map(p[:N]) 意味着将具有

N 个元素的数组映射到数据环境,而子句 map(N) 仅映射数组的第 N 个元素。

在下面的程序片断中,采用函数 initial(u, v, N) 在主机上对数组 u、v 和 w 进行了初始化,指令 targe 后有两个子句 map 显式地规定了主机和目标设备之间的数据移动方向和时机,如图 10-3 所示。采用 map(to:u[0:N], v[0:N]) 是因为目标设备的数组 u、v 需要利用主机的同名数组的值进行初始化;且在计算完毕后,目标设备的数组 u 和 v 无需回传给主机。采用 map(from:w[0:N]) 是因为目标设备的数组 w 无需进行初始化,所以数组 w 的初值无需从主机获得;而在计算完毕后,目标设备的数组 w 需要回传给主机。变量 N 则被隐式地定义为 firstprivte 变量。这些举措无疑会减少了主机和目标设备之间的数据传输,从而提高程序性能。

```
void add(int N)
{
    int i;
    int u[N],v[N],w[N];
    initial(u,v,N);

    #pragma omp target map(to:u[0:N],v[0:N])map(from:w[0:N])
    #pragma omp parallel for
    for(i=0;i<N;i++)
        w[i] = u[i] + v[i];

    output(p,N);
}
```

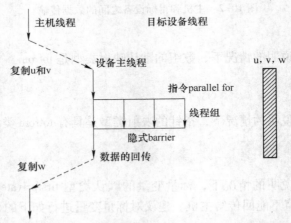

图 10-3 在 target 区域内主机和目标设备之间数据的移动

10.2.3 子句 defaultmap

子句 defaultmap(tofrom:scalar) 的作用是在主机和目标设备之间对在 target 区域中出现的标量变量建立 tofrom 映射关系。如果没有子句 defaultmap(tofrom:scalar),则在 target 区域出现的标量变量会默认为 firstprivate 变量，即这些标量变量会被 target 区域外主机的同名变量进行初始化；但是在 target 区域结束处，出现在 target 区域内的这些标量变量的值不会自动回传给主机的同名变量。

但在实际应用中，出现在 target 区域中的部分标量变量不但需要初始化，而且还需要传递给 target 区域外部的同名变量。下面给出一个在目标设备上进行归并求和的例子。

```
double foo( float * u,int N)
{
    double sum = 0. 0;
    initial( u,N);

    #pragma omp target map( u[ 0:N] ) defaultmap( tofrom:scalar)
    #pragma omp parallel for reduction( +:sum)
    for( int i = 0;i < N;i++)
        sum += u[ i];

    return sum;
}
```

需要注意的是，如果上例在指令 target 后面去掉子句 defaultmap(tofrom:scalar)，那么在主机上进行初始化后的标量变量 sum 会采用 firstprivate 变量形式将主机的 sum 的值传递给目标设备的标量变量 sum，但是无法将目标设备归并求和得到的最终 sum 值在 target 结构结束处回传给主机。主机的标量变量 sum 的值是不确定的。

如果指令 teams 与指令 distribute 不在同一指令行中（指令 teams 和指令 distribute 的含义参见 10.3 节和 10.4 节），那么正确的归并求和程序片断为：

```
double foo( float * u,int N)
{
    double sum = 0. 0;
    initial( u,N);

    #pragma omp target map( to:u[ 0:N] ) defaultmap( tofrom:scalar)
    #pragma omp teams reduction( +:sum)
    #pragma omp distribute parallel for reduction( +:sum)
    for( int i = 0;i < N;i++)
        sum += u[ i];

    return sum;
}
```

需要注意的是，此程序片断需要进行两次归并操作。第一次是 parallel for 结构的子句 reduction 要求每个线程组内子线程的 sum 副本归并到各线程组主线程的 sum 副本，第二次是 teams 结构的子句 reduction 要求将各线程组中主线程的 sum 副本进一步归并到线程群组的主线程（目标设备主线程）的 sum 副本。最后通过子句 defaultmap（tofrom:scalar）将线程群组的标量变量 sum 的值传递给主机的同名变量。如果在指令 target 后面去掉子句 defaultmap（tofrom:scalar）会导致 teams 线程群组的主线程的 sum 副本无法回传给主机。

10.2.4　子句 if

在 target 结构中，如果子句 if 中条件表达式的值为 true，则 target 结构中的代码将在目标设备上执行；如果子句 if 中条件表达式的值为 false，则 target 结构中的代码将在主机上执行。

子句 if 的语法格式如下：

```
if([指令名称修饰符:]标量表达式)
```

在下面的程序片断中，数组 u、v 和 w 采用指针表示；并且程序有两个 if 子句。第一个 if 子句表明，如果 N 的值不大于临界值 THRESHOLD1，则 target 结构中的代码在主机设备上运行。第二个 if 子句表明，如果 N 的值不大于临界值 THRESHOLD2（THRESHOLD1>THRESHOLD2），则 target 结构中的代码在主机上采用串行方式运行。

```
#define THRESHOLD1 100000
#define THRESHOLD2 1000
void add(float * u,float * v,float * w,int N)
{
    int i;
    initial(u,v,N);

    #pragma omp target if(N>THRESHOLD1)map(to:u[0:N],v[:N])map(from:w[0:N])
    #pragma omp parallel for if(N>THRESHOLD2)
    for(i=0;i<N;i++)
        w[i] = u[i] + v[i];

    output(p,N);
}
```

其中，符号［:N］与［0:N］等价。

为了简化程序，OpenMP 给出了指令 target 和 parallel 的复合指令。这样，两个 if 子句也需要采用参数进行限制。带有参数 target 的子句 if 用于限制指令 target，带有参数 parallel 的子句 if 用于限制指令 parallel。具体如下：

```
#pragma omp target parallel for \
if(target:N>THRESHOLD1)if(parallel:N>THRESHOLD2)\
map(to:u[0:N],v[:N])map(from:w[0:N])
```

子句 if 的效果取决于所应用的构造。对于复合结构（与复合指令相对应的结构），如果使用了 if 子句，则它只适用于指令名称修饰符指定结构的语义。如果没有复合结构，则子句 if 适用于所有可应用 if 子句的结构。例如，在下述不同复合构造中，子句 if 作用的指令对象是不同的。

```
#pragma omptask if(task:1)
#pragma omptarget parallel for if(target:1)if(parallel:0)
```

10.2.5 指令 target data

指令 target data 通过将主机内存映射到设备上，为结构 target 创建一个设备数据环境。结构 target data 的数据环境是一个结构化的数据结构，指令 target data 后子句 map 所涉及的数据在 target data 结构存在期间保持有效。这样位于 target data 结构内部的 target 结构就能在结构 target data 存在期间使用这些持续存在的数据。换言之，一个 target data 区域内的多个 target 结构共享 target data 的设备数据环境。

指令 target data 的语法格式如下：

```
#pragma omp target data 子句 [子句]
                if([ target data:] 标量表达式)
                device(整数表达式)
                map([映射类型:] 变量列表)
        结构块
```

在使用指令 target data 过程中，需要注意的以下几点：

（1）指令 target data 仅建立一个设备数据环境，并不执行代码。

（2）目标设备拥有此设备数据环境，但在目标设备执行 target 区域的过程中禁止主机访问设备数据环境。

（3）在一个 target data 内的多个 target 区域，共享此设备数据环境。

（4）一个 target 区域也是一个 target data 区域。

下面的程序片断表明，主机的数组 u、v 和 w 显式地映射到 target data 结构的数据环境，变量 N 也以 firstprivate 变量形式存在于此设备数据环境中。处于 target data 结构中的 target 结构也产生了一个新的数据环境，它继承了 target data 结构数据环境中数组 u、v 和 w 的数据属性。其中，数组 u 和 v 是在区域 target data 的入口从主机传递给 target data 结构的数据环境，而数组 w 是在区域 target data 的结束处从 target data 数据环境传递给主机。

```
void add(float * u,float * v,float * w,int N)
{
    int i;
    initial(u,v,N);

    #pragma omp target data map(to:u[ :N],v[0:N])map(from:w[0:N])
    {
        / * Existing device buffers are used and no data is transferred here */
        #pragma omp target
```

```
        #pragma omp parallel for
        for(i=0;i<N;i++)
            w[i] = u[i] + v[i];
    }


    output(w,N);
}
```

在很多情况下，一个 target data 结构内会存在多个 target 结构。这些 target 结构拥有各自的数据环境，同时也继承了封闭它们的 target data 结构的数据环境，可以共享同一个 target data 的存储。通常使用 target data 可以减少数据传输的开销。换言之，指令 target data 后子句 map 中出现的变量在整个 target data 结构中均能持续存在。下面的程序片断给出了一个实例。

```
#define THRESHOLD 10000
void add(float * u,float * v,float * w,int N)
{
    int i;
    initial(u,v,N);

#pragma omp target data if(N>THRESHOLD)map(to:u[0:N],v[0:N])\
                                      map(alloc:tmp[0:N])
    {
        #pragma omp target if(N>THRESHOLD)
        #pragma omp parallel for
        for(i=0;i<N;i++)
            tmp[i] = u[i] + v[i];

        initial_again(u,v,N);

        #pragma omp target if(N>THRESHOLD)map(from:w[0:N])
        #pragma omp parallel for
        for(i=0;i<N;i++)
            w[i] = tmp[i] + u[i] * v[i];
    }


    output(w,N);
}
```

从程序代码可以看出，上述程序具有如下特点：

（1）因为数组 u 和 v 需要映射到两个 target 结构中，其生命周期为整个 target data 区域，如图 10-4 所示，因此子句 map(to:u[:N], v[0:N]) 需要出现了两次。为了简化程序，可将子句 map(to:u[:N]，v[0:N]) 映射到 target data 结构中。

（2）数组 tmp 是临时变量，出现在两个 target 区域内，其生命周期为整个 target data 区域，如图 10-4 所示，因此其在 target data 结构中的映射属性为 map(alloc:tmp[0:N])。

（3）数组 w 仅出现在第二个 target 结构中，其生命周期为第二个 target 区域，不需要赋初值，其值需要回传给主机，如图 10-4 所示，因此其映射属性为 map(from:w[0:N])，且仅在第二个 target 结构中出现。

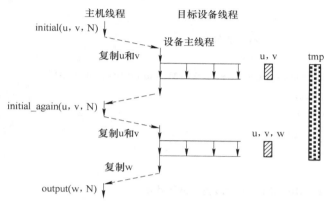

图 10-4　在 target data 区域内主机和目标设备之间数据的移动

（4）子句 if 也可以应用于 target data 结构。如果变量 N 不大于临界值 THRESHOLD，那么 target data 结构就不会产生一个新的数据环境。在 target data 结构中的 target 结构应该使用具有相同条件的子句 if，否则指针变量 w 就隐式地具有 tofrom 类型的映射参数，但是数组 w[0:N] 的存储位置不会映射到 target 结构的设备数据环境中。

（5）下面讨论将#pragma omp target data if(N>THRESHOLD)map(from:w[0:N]) 中的子句 if 去掉，仅保留 target 结构中的子句 if 的情况。这时，无论 N 取何值，结构 target data 均建立了一个封装的设备数据环境，此数据环境将数组 w 映射到默认的目标设备上。当 target 结构中的子句 if 的条件不满足时，主机上将执行 target 区域，这样会导致目标设备上的数组 w 是未定义的。然而在 target data 区域结束处，子句 map(from:w[0:N]) 要求主机中数组 w 将由遇到 target data 结构的任务的数据环境中的相应变量进行赋值，从而导致了主机中数组 w 的值也是不确定的。

在 target data 结构中调用含有 target 结构的函数十分常见。当数组以指针的形式出现时，指针变量和相应数组的存储位置信息被映射到设备数据环境中。指针变量会以带 alloc 参数的子句 map 形式进行处理，数组的存储位置信息将根据子句 map 的映射参数（默认值为 tofrom）进行映射。

在下面的程序片断中，在 target data 结构中调用含有 target 结构的函数 add。由于函数 add 中的 target 结构继承了 target data 结构设备数据环境中数组 x、y 和 z 的存储，因此函数 add 无需对数组 u、v 和 w 进行初始化或赋值。

```
void test(float ∗x,float ∗y,float ∗z,int N)
{
    initial(x,y,N);
```

```
    #pragma omp target data map(to:x[N],y[0:N])map(from:z[0:N])
    {
        add(x,y,z,N)
    }

    output(z,N)
}

void add(float * u,float * v,float * w,int M)
{
    #pragma omp target map(to:u[0:M],v[0:M])map(from:w[0:M])
    #pragma omp parallel for
    for(int i=0;i<M;i++)
        w[i] = u[i] + v[i];
}
```

10. 2. 6 指令 target enter data 和 target exit data

非结构化数据结构允许在主机代码内的任何位置生成和删除设备上的数据。这一功能可以在 target enter data 和 target exit data 结构中实现。

指令 target enter/exit data 的语法格式如下：

```
#pragma omp target enter/exit data［子句］
                if(［target enter/exit data：］标量表达式)
                device(整数表达式)
                map(［映射类型:］变量列表)
                depend(依赖类型:变量列表)
                nowait
```

下面的程序片断在一个类 Matrix 的构造函数和析构函数中产生和删除了一个数组。构造函数采用指令 target enter data 产生了一个数组 u，并在子句 map 中使用了参数 alloc 来避免从主机拷贝数据到目标设备。而析构函数采用指令 target exit data 删除了数组 u，并在子句 map 中采用参数 delete 来避免将数据回传给主机。需要注意的是，在主机的数组产生后，独立的指令 target enter data 开始执行；而在主机的数据删除之前，指令 target exit data 就开始执行。

```
class Matrix
{
    Matrix(int m)
    {
        length = m;
        u = new double[length];
        #pragma omp target enter data map(alloc:u[0:length])
```

```
        }

    Matrix( )
    {
        #pragma omp target exit data map(delete:u[0:length])
        delete[ ] u;
    }

    private:
    double * u;
    int length;
};
```

下面的程序片断分配和释放 Matrix 结构中的数组 u。函数 initialize 在结构中分配内存，并使用指令 target enter data 将结构成员映射到目标设备上。函数 finalize 从目标设备中去除映射的数组，然后从主机上释放内存。需要注意的是，在主机的内存分配后，独立的指令 target enter data 开始执行；而在主机数据释放之前，指令 target exit data 就开始执行。

```
typedef struct
{
    double *u;
    int M;
} Matrix;

void initialize( Matrix * mat,int m)
{
    mat->u = (double * )malloc(m * sizeof(double));
    mat->M = m;
    #pragma omp target enter data map(alloc:mat->u[:m])
}

void finalize( Matrix * mat)
{
    #pragma omp target exit data map(delete:mat->u[:mat->M])
    mat->M = 0;
    free(mat->u);
    mat->u = NULL;
}
```

10.2.7 指令 target update

指令 target update 用于 target data 内部，是一个独立指令。它根据需要显式地更新在 target data 区域内的主机或目标设备中的变量。数据更新方向由子句 to 和 from 指定。

指令 target update 的语法格式如下：

```
#pragma omp target update 子句［,子句］
                         if（［ target update：］标量表达式）
                         device（整数表达式）
                         nowait
                         depend（依赖类型：变量列表）
                         to（变量列表）
                         from（变量列表）
```

绑定到区域 target update 的任务是由 target update 结构生成的 target 任务。区域 target update 将绑定到相应的 target 任务区域。指令 target update 的操作详情如下：

（1）更新方向有两个：to（变量列表）和 from（变量列表）。在一个指令 target update 中至少存在一个更新方向。一个变量只能出现在子句 to 或子句 from 中，相同变量不能在两个子句中同时出现；子句 to 或 from 中的变量必须具有映射类型。

（2）对于子句 to 或子句 from 中每个变量，在主机和目标设备上都有一个对应的变量。对于在设备数据环境中不存在的变量，主机和目标设备不进行相应变量的更新。否则，设备数据环境中的每个变量在当前任务的数据环境中都应具有对应的变量。对于子句 from 中的变量，更新方向是将目标设备变量的值传递给主机相应变量。对于子句 to 中的变量，更新方向是将主机变量的值传递给目标设备相应变量。

（3）结构 target update 是结构生成任务。所生成的任务是一个 target 任务，所生成的任务区域包含了 target update 区域。

（4）根据 target update 结构的数据共享属性子句产生 target 任务的数据环境，任何默认的数据共享原则也适用于 target updata 结构，映射到结构 target update 的变量具有在 target 任务的数据环境中默认的数据共享属性。

（5）在指令 target updata 上最多一个出现一个 if 子句。

（6）如果存在 nowait 子句，则可以延迟执行 target 任务。如果不存在 nowait 子句，则 target 任务是一个包含任务。

（7）如果存在 depend 子句，则它与 target 任务相关联。

（8）在指令 target updata 上最多出现一个子句 device，而且设备表达式的值为小于 omp_get_num_devices（）的非负整数。如果没有子句 device，则设备为默认设备。当存在 if 子句并且 if 子句表达式的计算结果为 false 时，不会进行赋值操作。

下面的程序片断采用指令 target data 将数组 u 和 v 映射到目标设备。

```
void add（float ＊u,float ＊v,float ＊w,int M）
{
    int i;
    initial（u,v,M）;

    #pragma omp target data map（to：u［:M］,v［:M］）map（from:w［0:M］）
    {
```

```
            int changed;
            #pragma omp target
            #pragma omp parallel for
            for(i=0;i<M;i++)
                w[i] = u[i] + v[i];


            changed = maybe_initial_again(u,M);
            #pragma omp target update if(changed)to(u[:M])
            changed = maybe_init_again(v,M);
            #pragma omp target update if(changed)to(v[:M])


            #pragma omp target
            #pragma omp parallel for
            for(i=0;i<M;i++)
                w[i] = w[i] + u[i] * v[i];
        }
    output(w,M);
}
```

从程序代码可以看出，上述程序具有如下特点：

（1）主机执行函数 initial(u，v，M)，给数组 u 和 v 赋初值。

（2）在主机上运行的任务遇到第一个 target 结构后，等待 target 区域的完成。

（3）在第一个 target 区域执行完毕后，在主机上运行的任务调用函数 maybe_initial_again 在任务数据环境中分别对数组 u 和 v 赋新值；如果赋新值成功，则改变变量 change 的值。

（4）指令 target update 后带有子句 if。如果变量 change 的值改变了，则 if 的表达式为真，执行指令 target update，将来自于任务数据环境的数组 u 和 v 的新值传输给目标设备数据环境中相应的映射数组。否则，不执行指令 target update。这样利用子句 if 可以提高程序性能。

（5）运行在主机上的任务遇到了第二个 target 结构后，等待 target 区域的完成。第二个 target 结构将使用更新后的 u 和 v 的新值。

10. 2. 8　指令 declare target

指令 declare target 用于声明在 target 结构内函数和全局变量能够在默认的目标设备上运行。指令 target update 的语法格式如下：

```
#pragma omp declare target
函数或全局变量
#pragma omp end declare target
```

在指令 declare target 区域中出现的每个函数必须具有主机和目标设备的定义。在下面的程序片断中，函数 fib 出现在指令 declare target 和 end declare target 之间，这表明函数 fib 可以在目标设备上运行。但是当子句 if 的条件表达式为假时，将在主机上运行 target 区域的代码。

```
#pragma omp declare target
extern void add( int m) ;
#pragma omp end declare target

#define THRESHOLD 10000
void add_oper( int m)
{
    #pragma omp target if( m > THRESHOLD)
    {
        add( m) ;
    }
}
```

下面的程序片断展示了利用指令 declare target 和 end declare target 将全局变量映射到目标设备的隐式设备数据环境。变量 u、v 和 w 的声明出现在指令 declare target 和 end declare target 之间，表明这些变量映射到每个目标设备的隐式设备数据环境。指令 target update 用于管理遇到的主机任务的数据环境与默认目标设备的隐式设备数据环境之间的变量 u、v 和 w 的一致性。

```
#define M 10000
#pragma omp declare target
float u[M],v[M],w[M];
#pragma omp end declare target

void add( )
{
    int i;
    init( u,v,M) ;

    #pragma omp target update to( u,v)
    #pragma omp target
    #pragma omp parallel for
    for( i=0;i<M;i++)
        w[i] = u[i] + v[i];
    #pragma omp target update from( w)

    output( w,M) ;
}
```

10.3 线程组群指令 teams

指令 teams 仅在 target 结构内部使用，它的作用是创建一个线程组群（由多个线程组构成)。线程组之间无同步机制也不能彼此通信；并且每个线程组的主线程均执行 teams 区域（即 teams 区域被重复多次执行），而其他线程则处理空闲状态。

指令 teams 的语法格式如下：

```
#pragma omp teams
        num_teams(整数表达式)
        threads_limit(整数表达式)
        default(shared|none)
        private(变量列表)
        firstprivate(变量列表)
        shared(变量列表)
        reduction(运算符:变量列表)
结构块
```

其中，线程组群中的线程组数量需小于或等于子句 num_teams 子句中的设定值。每个线程组的线程数量需小于或等于子句 thread_limit 中的设定值。绑定到 teams 区域的线程是遇到 teams 结构的线程，也就是 target 结构的初始线程。当线程遇到 teams 结构时，会产生一个线程组群，并且线程组群内每个线程组的主线程会执行 teams 区域。

当线程组群建立以后，线程组的数量在 teams 区域内保持不变。在 teams 区域内，线程组编号可以唯一标识每个线程组。线程组编号是连续的，其值为零到线程组中线程数量 −1。一个线程可以通过调用函数 omp_get_team_num 获得它所在线程组的编号。当线程组群执行完 teams 区域后，线程将恢复执行封闭的 target 区域。在 teams 结构的结束处，没有隐含的栅障。

在使用指令 teams 时，需注意以下事项：

（1）在 teams 结构内部，不允许出现能够到达 teams 结构之外的跳转语句，也不允许有外部的跳转语句到达 teams 结构内部。

（2）最多只能有一个子句 thread_limit 出现在指令 teams 上，且子句 thread_limit 的表达式的值必须为正整数。

（3）最多只能有一个子句 num_teams 出现在指令 teams 上，且子句 num_teams 的表达式的值必须为正整数。

（4）结构 teams 必须包含在 target 结构中。

（5）在 teams 区域内可以以组合结构形式嵌套 parallel 区域。例如，distribute、distribute simd、distribute for、distribute for simd、parallel。

下面的程序片断显示了利用指令 target 和指令 teams 创建线程组群（由多个线程组构成）执行区域代码。此线程组群最多由两个线程组构成，且每个线程组的主线程均执行 teams 区域，但各自完成一半的计算量。其中，函数 omp_get_num_teams 返回在线程组群的线程组数量。函数 omp_get_team_num 返回线程组编号，这是一个介于 0 和小于函数omp_get_num_teams 的返回值之间的整数。

```
#include <stdlib. h>
```

```
#include <omp. h>
float dotproduct(float u[ ],float v[ ],int M)
{
    float sum0 = 0. 0;
    float sum1 = 0. 0;
    #pragma omp target map(to:u[0:M],v[0:M])map(tofrom:sum0,sum1)
    #pragma omp teams num_teams(2)
    {
        int i;
        if(omp_get_num_teams()! = 2)
            abort();
        if(omp_get_team_num()= = 0)
        {
            #pragma omp parallel for reduction(+:sum0)
            for(i=0;i<M/2;i++)
                sum0 += u[i] * v[i];
        }
        else if(omp_get_team_num()= = 1)
        {
            #pragma omp parallel for reduction(+:sum1)
            for(i=M/2;i<M;i++)
                sum1 += u[i] * v[i];
        }
    }
    return sum0 + sum1;
}
```

10. 4   工作共享指令 distribute

    指令 distribute 需要嵌套在一个 teams 区域内,其作用是工作共享。与 distribute 区域绑定的线程集是遇到封装的 teams 结构的主线程集。具体而言,它将紧随指令 distribute 的 for 循环以隐式任务形式静态地分配给指令 teams 生成的线程组群中各线程组的主线程执行 (循环迭代任务被线程组群共享,不再被重复执行,仅执行一遍)。需要注意的是,指令 distribute 不保证各线程组执行的次序,也不保证所有的线程组同时执行,并且在各线程组内也不进行工作共享 (除各线程组的主线程各自执行一部分迭代外,线程组内其他子线程均处于空闲状态)。

    指令 distribute 的语法格式如下:

```
#pragma omp distribute
        private(变量列表)
        firstprivate(变量列表)
        lastprivate(变量列表)
```

```
        collapse(n)
        dist_schedule(调度参数,块尺寸)
    for 循环
```

其中，子句 dist_schedule 含义与 schedule 一样。不同之处在于子句 dist_schedule 作用对象是线程组。目前子句 dist_schedule 仅有一个调度参数 static，因此采用静态调度方式给线程组分配循环块。如果块的尺寸没有指定，则块的大小基本相等，每个线程组至少分配一个块。比如 dist_schedule(static，1024) 指采用静态调度策略，每次为每个线程组分配 1024 个循环。

在使用指令 distribute 时，需注意以下事项：

（1）结构 distribute 与紧随指令 distribute 的一个循环或一个嵌套循环相关联。

（2）在结构 distribute 的结束处没有隐含的栅障。为了避免数据竞争，在结构 distribute 的结束处和 teams 区域的结束处之间不能访问由于子句 lastprivate 或子句 linear 而造成的主机变量的修改值。

（3）子句 collapse 可以出现在结构 distribute 中。如果不存在子句 collapse，则指令 distribute 仅作用于与结构 distribute 最相邻的循环。

下面程序片断展示了如何利用指令 teams、distribute 和 parallel for 共同执行 target 结构内一个循环的过程。

```
# pragma omp teams num_teams(2) num_threads(2)
#pragma omp distribute
for( int i=0;i<6;i++)
{
    #pragma omp parallel for
    for( int j=0;j<4;j++)
        y[i,j]=x[i,j];
}
```

从程序代码可以看出，上述程序具有如下特点：

（1）指令 teams 建立一个线程组群。在本例中，此线程组群有 2 个线程组，每个线程组有 2 个线程，如图 10-5 所示。如果没有指令 distribute，那么这 2 个线程组的主线程将做相同的工作，各自执行全部的循环迭代（即 teams 区域被重复多次执行）；而其他线程则不参与执行。

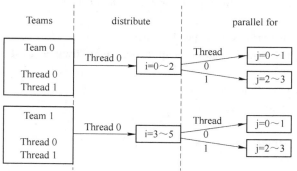

图 10-5　指令 teams、distribute 和 parallel for 的联合使用过程

（2）指令 distribute 将循环迭代分配给执行 teams 区域的所有线程组的主线程。具体而言，执行封闭的 teams 区域的是各线程组内的主线程，其他线程不参与执行，如图 10-5 所示。

（3）当线程组的主线程在遇到内循环前先遇到 parallel for 结构时，就会激活线程组内的其他线程。线程组将执行 parallel 区域，且循环迭代计算被线程组内所有线程分享，如图 10-5 所示。

10.5 异步执行和依赖性

异构计算的异步执行是围绕 target 区域建立一个显式任务来实现的。从 OpenMP 4.5 开始，可以通过显式任务和在指令 target 中使用 nowait 子句实现异步执行，并用子句 depends 建立任务之间依赖关系从而确定执行次序。

下面的程序片断展示使用指令 task 和指令 target 来异步执行多个 target 区域。

```
#pragma omp declare target
extern void initial(float * ,float * ,int);
#pragma omp end declare target

void add(float * w,int M,int dev)
{
    float * u, * v;
    int i;
    #pragma omp task shared(u,v)depend(out:u,v)
    #pragma omp target device(dev)map(u,v)
    {
        // check whether on device dev
        if(omp_is_initial_device())
            abort();
        u = malloc(M * sizeof(float));
        v = malloc(M * sizeof(float));
        initial(u,v,M);
    }
    #pragma omp task
    other_works();// execute other work asynchronously on host device

    #pragma omp task shared(u,v,w)depend(in:u,v)
    #pragma omp target device(dev)nowait map(to:u,v)map(from:w[0:M])
    {
        // check whether on device dev
        if(omp_is_initial_device())
            abort();
        #pragma omp parallel for
        for(i=0;i<M;i++)
            w[i] = u[i] + v[i];
```

```
        free(u);
        free(v);
    }
#pragma omp taskwait

    output(w,M);
}
```

从程序代码可以看出，上述程序具有如下特点：

（1）遇到 task 结构的任务会生成一个包含 target 区域的显式任务。本例中存在两个 target 任务。第一个任务是数组的初始化，第二个任务是数组的计算。子句 depend 规定了在第一个 target 任务执行完毕后才能执行第二个任务。这样的依赖性确保数组内存的分配以及数组在被访问之前进行初始化。

（2）函数 omp_is_initial_device() 用于检查目前的代码是否在主机上运行。如果是，则终止程序。

（3）第二个 target 结构有子句 nowait，说明这个 target 任务是一个可延迟任务。即允许执行 target 任务的线程在等待 target 区域执行完成的过程中执行其他工作。因此，当线程遇到任务调度点 taskwait 时，线程可以切换回执行遇到的任务或以前生成的显式任务。换言之，主机的线程组会执行函数 other_works()。

（4）在目标设备上，采用函数 malloc() 给数组 u 和 v 分配内存，采用函数 free() 释放数组 u 和 v 的内存。在 target 区域内进行数组 u 和 v 大小的调整，并不完全符合 OpenMP 4.5 规范。但是在以后的 OpenMP 规范中，对于映射变量的限制会有所放松，来保证最终能够实现此例。

下面的两个数组的求和程序片断展示了如何实现一半计算量在目标设备上执行，而剩下的一半计算量在主机上并发执行。

```
#define N 1000000 //N must be even
void calculate()
{
    int i,n=N;
    int chunk=1000;
    float u[N],v[N],w[N];

    initial(u,v,n);

#pragma omp parallel
    {
        #pragma omp master
        #pragma omp target teams distribute parallel for nowait \
        map(to:u[0:n/2])map(to:v[0:n/2])map(from:w[0:n/2])
        for(i=0;i<n/2;i++)
```

```
        w[i] = u[i]+v[i];  // Computation on target

    #pragma omp for schedule(dynamic,chunk)
    for(i=n/2;i<n;i++)
        w[i] = u[i]+v[i];  // Simultaneous execution on host
    // Implicit barrier here ensures both host and target computations are done
    }
}
```

从程序代码可以看出，上述程序具有如下特点：

（1）指令 target 位于指令 parallel 的并行区内，采用指令 master 利用主机主线程生成一个 target 任务，此任务用于实现在目标设备上计算一半的工作量（i=0~n/2-1）。因为指令 master 没有隐含的栅障，所以当其他线程越过带有子句 nowait 的 target 结构而去执行并行循环（for schedule）时，主机主线程可能还在生成 target 任务。

（2）结构 target 的子句 nowait 允许执行 target 任务的线程在等待 target 区域执行完成的过程中执行其他工作。在本例中的其他工作是数组求和中另一半的计算量（i=n/2~n）。这样在设备上实现了异步执行 target 区域，即主机线程在等待 target 任务执行完成过程中不需要处于闲置状态。

（3）因为主机的一个线程用于主机设备和异构设备之间通信（target 任务的生成和销毁等）服务，因此为了实现主机线程组的负载平衡，主机的循环调度方式是动态方式。如果只费很少的时间用于生成和销毁 target 任务，那么可以使用静态调度方式。

（4）主机利用指令 for 对循环进行并行。一个栅障隐含在结构 for 的结束处。此栅障要求 target 任务在此栅障处必须完成。这样，就实现了目标设备的 target 任务和主机的线程组并行执行任务的同步完成。

10.6 OpenMP 并行执行模式比较

OpenMP 4.5 提供了两种并行模式，共享内存并行执行模式和异构并行执行模式。

共享内存并行执行模式又可细分为多线程并行和向量化两类。这种执行模式适用于单计算设备系统。其特点是只存在一个线程组，线程组内各子线程均能并行执行。如果使用了指令 simd，那么还可利用 CPU 核上的 SIMD 单元进行向量化。在并行区域的结尾处存在一个隐式的栅障，用于子线程的缩并。具体执行过程如图 10-6 所示。

异构并行执行模式适用于 CPU+GPU 或 CPU+协处理器这类多计算设备系统。其特点是存在两个及以上计算设备，每个计算设备具有各自的线程组或线程组群，不同设备的线程不能共享，设备之间需要进行数据的传输。图 10-7 给出了异构计算异步执行过程：

（1）启动主机线程，在主机上执行计算任务。

（2）一个主机线程遇到指令 target 后，将控制权移交目标设备的初始线程（或设备主线程）并且等待区域 target 执行完毕。

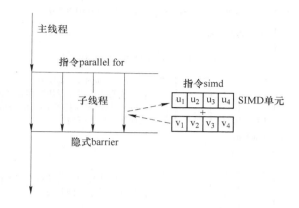

图 10-6　具有向量化的多线程并行执行模型（一个线程组）

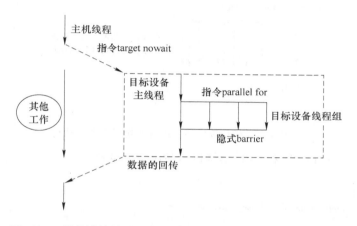

图 10-7　异构计算的异步执行模型（目标设备只有一个线程组）

（3）如果指令 target 存在子句 nowait，还可实现异步执行。即主机和目标设备同时执行计算任务。

（4）如果目标设备是协处理器，那么当设备初始线程遇到指令 parallel for 后会生成一个线程组执行循环代码，如图 10-7 所示。如果存在指令 simd，那么还可实现向量化。

（5）如果目标设备是 GPU，那么目标设备的执行过程与 CUDA 执行过程相类似，如图 10-8 所示。其中，OpenMP 的线程组和线程分别相当于 CUDA 的线程块和线程。当设备主线程遇到指令 teams 后会产生一个线程组群，此线程组群具有多个线程组，并且每个线程组的主线程执行 teams 区域（teams 区域被重复多次执行）；当遇到指令 distribute 后，实现工作共享，即各线程组的主线程共同执行紧随指令 distribute 的循环（循环仅被执行一次）；当遇到指令 parallel for 后，各线程组内各线程均参与到紧随指令 parallel for 的循环（循环仅被执行一次）。

（6）当到达 target 区域的结束处时，控制权将由目标设备移交给主机，同时将 target 区域中相关映射变量回传给主机，如图 10-7 所示。

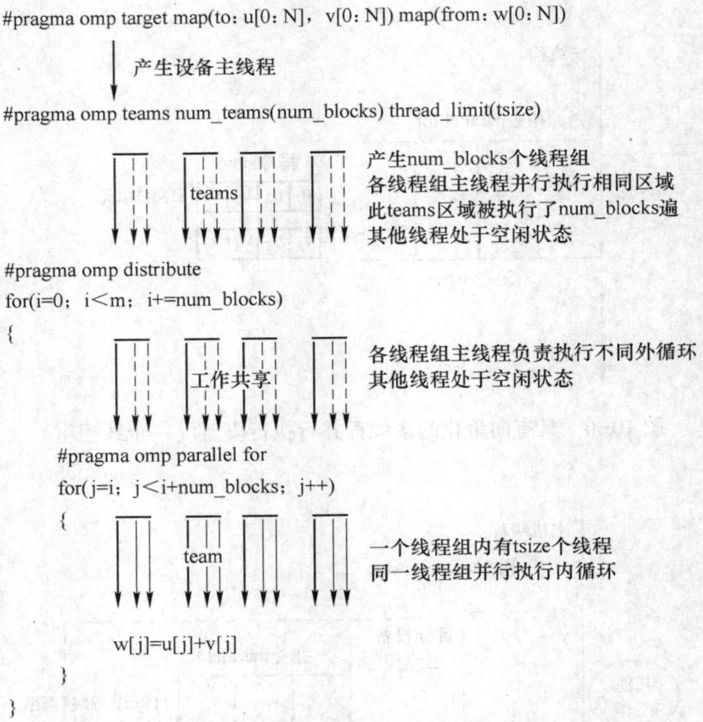

```
#pragma omp target map(to: u[0: N]，v[0: N]) map(from: w[0: N])
```

↓ 产生设备主线程

```
#pragma omp teams num_teams(num_blocks) thread_limit(tsize)
```

teams 产生num_blocks个线程组
各线程组主线程并行执行相同区域
此teams区域被执行了num_blocks遍
其他线程处于空闲状态

```
#pragma omp distribute
for(i=0；i＜m；i+=num_blocks)
{
```

工作共享 各线程组主线程负责执行不同外循环
其他线程处于空闲状态

```
#pragma omp parallel for
for(j=i；j＜i+num_blocks；j++)
{
```

team 一个线程组内有tsize个线程
同一线程组并行执行内循环

```
        w[j]=u[j]+v[j]
    }
}
```

图 10-8 异构计算中线程组群的生成和并行执行

下面给出一个采用 CPU 和 GPU 架构进行数组求和的例子。

```
/ *  File：tmtdas. cpp  * /
/ *  program：target_map_teams_distribute_array_sum  * /
#define n 1000
#include <stdio. h>
#include <omp. h>
int main( )
{
    //define scalars n &initialize x,y
    int i,j;
    int a = 7,num_blocks = 16,bsizes = 32;
    float x[n],y[n];

    for( i = 0;i<n;i++)
    {
        x[i] = 1;
        y[i] = 10;
    }
#pragma omp target data map( to：x[0：n] )map( tofrom：y[0：n] )
    {
        #pragma omp target defaultmap( tofrom：scalar )
        #pragma omp teams num_teams( num_blocks )num_threads( bsize )
```

```
#pragma omp distribute
for( i=0;i<n;i+=num_blocks)
{

    #pragma omp parallel for
    for( j=i;j<i+num_blocks;j++)
    {

        y[ j]=a*x[ j]+y[ j];

    }

}

}

return 0;

}
```

从程序代码可以看出，上述程序具有如下特点：

（1）因为 GPU 没有 SIMD 单元，不能进行向量化，因此未使用指令。

（2）GPU 的最基本处理单元是 SP（Streaming Processor），也称为 CUDA 核心。具体的指令和任务都是在 SP 上处理的。多个 SP 加上其他的一些资源组成 SM（Streaming Multiprocessor），也称 GPU 大核。一个 GPU 有多个 SM（比如 16 个），而一个 SM 包含的 SP 数量则依据 GPU 架构的不同而不同。Fermi 架构 GF100 是 32 个，GF10X 是 48 个，Kepler 架构都是 192 个，Maxwell 都是 128 个。在本例中，变量 num_ blocks 对应的是 GPU 中 SM 的数量，而变量 bsizes 则根据 SM 中 SP 的数量来确定。

10.7　小　结

本章介绍了 OpenMP 4.0 中指令 target 的用法，分析了主机和目标设备之间的数组和标量变量映射类型，给出了多个 target 结构共用设备数据环境时变量的传入、更新和回传方法，提供了指令 task、子句 depend 和指令 taskwait 来实现异步执行。

练 习 题

10.1　试给出异构计算的定义，并举例说明。

10.2　试分析指令 target 和指令 target data 之间的区别和联系。

10.3　试分析指令 teams 和指令 distribute 之间的区别和联系。

10.4　试分析指令 target enter/exit data 和 target update 之间的区别和联系

10.5　试举例说明异步执行的优点。

10.6　试采用异构计算得到圆周率。

参 考 文 献

［1］ 赵煜辉，周兵．并行程序设计基础教程［M］．北京：北京理工大学出版社，2008.

［2］ 武汉大学多核多架构与编程技术课程组．多核架构与编程技术［M］．武汉：武汉大学出版社，2010.

［3］ 英特尔软件学院教材编写组．多核多线程技术［M］．上海：上海交通大学出版社，2011.

［4］ 英特尔亚太研发有限公司，北京并行科技公司．释放多核潜能—英特尔 Parallel Studio 并行开发指南［M］．北京：清华大学出版社，2010.

［5］ 李建江，薛巍，张武生，张为华．并行计算机及编程基础［M］．北京：清华大学出版社，2011.

［6］ 陈国良．并行算法的设计与分析［M］．北京：高等教育出版社，2009.

［7］ 陈国良，安虹，陈崚，郑启龙，单久龙．并行算法实践［M］．北京：高等教育出版社，2004.

［8］ 陈国良．并行计算—结构算法编程［M］．北京：高等教育出版社，2011.

［9］ Peter S Pacheco 著．邓倩妮等译．并行程序设计导论［M］．北京：机械工业出版社，2013.

［10］ 多核系列教材编写组．多核程序设计［M］．北京：清华大学出版社，2007.

［11］ Jack Dongarra, Geoffrey Fox, Ken Kennedy, Andy White 编著．莫则尧，陈军，曹小林等译．并行计算综论［M］．北京：电子工业出版社，2005.

［12］ 罗秋明，明仲，刘刚，毛睿．OpenMP 编译原理及实现技术［M］．北京：清华大学出版社，2012.

［13］ 钟联波．GPU 与 CPU 的比较分析［J］．技术与市场，2009，16（9）：13-14.

［14］ Quinn M J 著．奎因，陈文光，武永卫译．MPI 与 OpenMP 并行程序设计：C 语言版［M］．北京：清华大学出版社，2004.

［15］ 靳鹏．并行技术基础［M］．长春：吉林大学出版社，2011.

［16］ Cameron Hughes, Tracey Hughes 著．齐宁译．C++多核高级编程［M］．北京：清华大学出版社，2010.

［17］ 周伟明．多核计算与程序设计［M］．武汉：华中科技大学出版社，2009.

［18］ Calvin Lin, Lawrence Snyder 著．陆鑫达，林新华译．并行程序设计原理［M］．北京：机械工业出版社，2009.

［19］ Xavier C, Iyengar S S 著．张云泉，陈英译．并行算法导论［M］．北京：机械工业出版社，2004.

［20］ Barry Wilkinson, Michael Allen 著．陆鑫达等译．并行程序设计［M］．北京：机械工业出版社，2002.

［21］ 金杉，麦丰，任波．基于模拟退火算法的资源负载均衡方案［J］．计算机工程与应用，2011，47（17）：69-73.

［22］ Shameem Akhter, Jason Roberts 著．李宝峰，富弘毅，李韬译．多核程序设计技术-通过软件多线程提升性能［M］．北京：电子工业出版社，2007.

［23］ 宋克庆．OpenMP Task 调度算法实现及优化［D］．长沙：国防科学技术大学，2009.

［24］ Ayguade E, Copty N, Duran A, Hoeflinger J, Lin Y, Massaioli F, Teruel X, Unnikrishnan P, Zhang G. The design of OpenMP tasks［J］．IEEE Transactions on Parallel and Distribuited Systems, 2009, 20（3）：404-418.

［25］ ORACLE. Oracle Solaris studio 12. 4 OpenMP API User's Guide. 2014 年 12 月．

［26］ OpenMP Architecture Review Board. OpenMP Application Program Interface Version 3. 1. 2011 年 7 月．

［27］ 雷洪，胡许冰．多核并行高性能计算 OpenMP［M］．北京：冶金工业出版社，2016.

［28］ OpenMP Architecture Review Board. OpenMP Application Program Interface Version 4. 0. 2013 年 7 月．

［29］ OpenMP Architecture Review Board. OpenMP Programming Interface Examples. Version 4. 0. 2, 2015 年 3 月．

［30］ OpenMP Architecture Review Board. OpenMP Application Program Interface Version 4. 5. 2015 年 11 月.

［31］ OpenMP Architecture Review Board. OpenMP Programming Inerface Examples Version 4. 5. 0, 2016 年 11 月.

［32］ 曹倩. 异构多核任务模型优化技术［M］. 北京：国防工业出版社，2013.

［33］ 高伟，赵荣彩，韩林，庞建民，丁锐. SIMD 自动向量化编译优化概述［J］. 软件学报，2015，26（6）：1265-1284.

［34］ 黄娟娟. 多线程多 SIMD 自动向量化技术研究［D］. 长沙：国防科学技术大学，2013.

［35］ 徐颖. 编译指导的自动向量化关键技术研究［D］. 长沙：国防科学技术大学，2014.

［36］ 于海宁，韩林，李鹏远. 面向自动向量化的结构体优化［J］. 计算机科学，2016，43（2）：210-215.

［37］ 刘文志. 并行算法设计与性能优化［M］. 北京：机械工业出版社，2015.

［38］ 多相复杂系统国家重点实验室多尺度离散模拟项目组. 基于 GPU 的多尺度离散模拟并行计算［M］. 北京：科学出版社，2009.

［39］ Benedict R. Gaster, Lee Howes, David R. Kaeli, Perhaad Mistry, Dana Schaa 著. 张云泉，张先轶，龙国平，姚继锋译. OpenCL 异构计算［M］. 北京：清华大学出版社，2012.

［40］ 方民权，张卫民，方建滨，周海芳，高畅. GPU 编程优化：大众高性能计算［M］. 北京：清华大学出版社，2016.

［41］ 王恩东，张清，沈铂，张广勇，卢晓伟，吴庆，王娅娟. MIC 高性能计算编程指南［M］. 北京：中国水利水电出版社，2012.

［42］ David B Kirk, Wenmei W Hwu 著. 赵开勇，汪朝辉，程亦超译. 大规模并行处理器编程实战［M］. 北京：清华大学出版社，2013.

［43］ 刘文志，陈轶，吴长江. OpenCL 异构并行计算原理、机制与优化实践［M］. 北京：机械工业出版社，2016.

［44］ 黄乐天，范兴山，彭军，蒲宇亮. FPGA 异构计算：基于 OpenCL 的开发方法［M］. 西安：西安电子科技大学出版社，2015.